CRADOLOGIE

La science "impolie"
du corps humain

POCKET
jeunesse

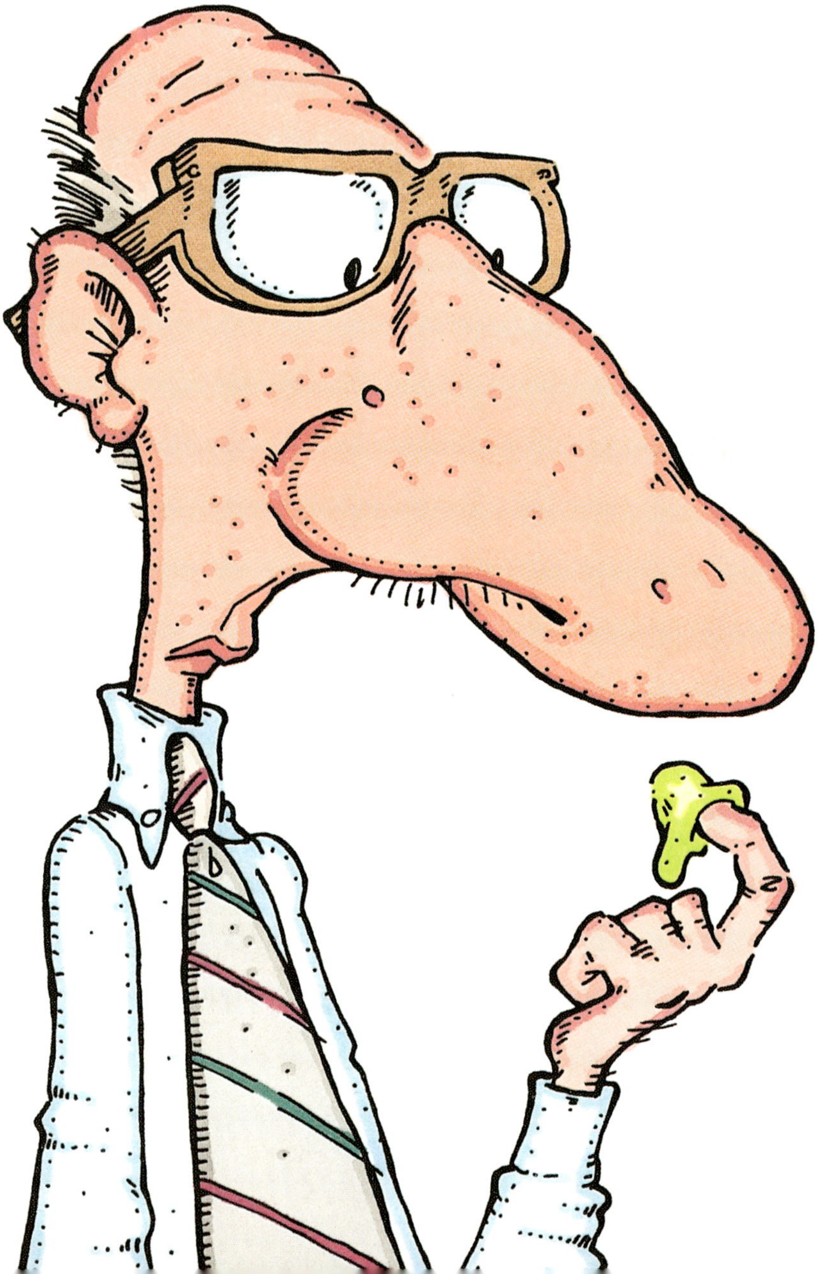

Sylvia Branzei

CRADOLOGIE

La science "impolie" du corps humain

Illustrations de Jack Keely

Avant-propos de Philippe Grandsenne,
Jean-Yves Cariou et Dominique Mazin

Traduit de l'américain par Sophie Dieuaide

Titre original :

Grossology

Du même auteur et du même illustrateur :

Cradologie des animaux

Loi n° 49-956 du 16 juillet 1949
sur les publications destinées à la jeunesse : juin 2005.

First published in the United States under the title **GROSSOLOGY**
by Sylvia Branzei, illustrated by Jack Keely

Published by arrangement with **Price Stern Sloan**
as successor in interest to Planet Dexter,
a division of Penguin Young Readers,
a member of Penguin Group (USA) Inc.

ISBN : 2-266-15438-9

Ce livre est dédicacé à tous les futurs cradologues et à Byron,
Ian et Alison pour leur aide particulièrement crade. S.B.
Pour Darline. J.K.

Et avant tout,
un petit message sérieux :

Ni l'éditeur ni l'auteur
ne pourront être tenus responsables
des dommages subis ou occasionnés
par un lecteur ayant pratiqué
l'une des activités de ce livre
sans le respect scrupuleux
des instructions indiquées
ou sans la surveillance nécessaire.

TABLE DES MATIÈRES

MATIÈRES VISQUEUSES ET MOLLES

MATIÈRES CROÛTEUSES

MATIÈRES PUANTES ET ODORANTES

SPÉCIAL PARENTS

Autrefois, les fonctions du corps étaient admises par tous, même si leurs origines étaient mal ou pas comprises. Nommées sans vergogne, par des termes réalistes que chacun comprenait, rien ne semblait devoir polir ce langage cru et concret.
Alors que ces fonctions (circulation du sang, excréments liquides et solides, sueur, odeurs de nos secrétions diverses) ont été expliquées par la science, elles sont beaucoup moins bien acceptées… jusqu'à la mort elle-même qui est occultée. Ainsi, pour parler de toutes ces choses indignes, il est de bon ton d'utiliser une terminologie scientifique qui masque la réalité. Cela présente l'« avantage » d'introduire une distance entre ces saletés et nous-même… C'est moralement correct.

Pour les enfants, ces mots compliqués sont des freins dans la compréhension de phénomènes pourtant simples s'ils leur sont expliqués avec des moyens accessibles, voire rigolos.

Parcourir de façon ludique ce livre sur la Cradologie met à leur portée une science réaliste du corps humain sur un mode certes non poli, mais ni incorrect ni indécent. Foin de bonnes manières affectées !
Sans tomber dans le pipi-caca-boudin de l'école maternelle, il est ainsi loisible de dévoiler simplement aux enfants les mystères de la vie que nombre de grandes personnes ignorent aussi.

Docteur Philippe GRANDSENNE
Pédiatre, attaché à la maternité de l'hôpital Saint-Vincent-de-Paul de Paris, et auteur d'ouvrages sur les bébés

* * *

On préconise à l'école de partir de ce qui se manifeste : eh bien, le monde de la Cradologie est tout trouvé pour suivre cette consigne. Là, on sue, on rote, on pète et on renifle, mais on sait pourquoi ! Le mucus nasal ? Un papier tue-mouches qui colle les saletés en vol vers vos fragiles poumons pour les détourner vers l'estomac, où cesse la rigolade…
Car la science n'a pas d'états d'âme : elle analyse le disque de la Galaxie et celui de la bouse de vache, le filament d'ADN et celui de la morve. À l'esprit curieux, point d'interdit, sauf vot' res... pet !
Chacun court après ce qu'il fait entrer dans son corps, mais fuit devant ce qui en sort ! Sauf si la culture l'anoblit : l'air de la parole et du chant, l'eau des yeux. On payait cher pourtant pour voir Louis XIV sur sa chaise percée…

Ce livre aurait plu à Diogène, pour qui les besoins naturels n'avaient rien d'indécent.
Bienvenue dans le monde merveilleux de la Cradologie !

Jean-Yves CARIOU
Professeur de SVT à l'IUFM de Paris, didacticien

***

Le pipi, le caca ? C'est doux, c'est chaud, ça sent bon. Ça sent Moi. Je me reconnais. J'existe. D'ailleurs quand on voit les réactions joyeuses des mamans quand elles ouvrent les couches de leur bébé...
Quoi de plus fascinant que le pipi-caca ?
Très tôt les enfants aiment jouer avec en vrai – beurk – puis avec les mots, les « GROS » mots. Gros, les mots ? Gros comme la grosse commission, le gros popo ou le petit pipi... Mystérieux certainement. C'est lui, l'enfant, qui produit tout ça... et ça l'étonne.

Mais pourquoi les grandes personnes n'aiment-elles pas ?
Pourquoi dès que l'enfant devient « propre » tout est qualifié de « sale » ?
Il est là le mystère, elle est là la curiosité.
Ce livre est destiné à lever légèrement le voile des mystères.
C'est de l'intimité des enfants qu'il s'agit, de celle des autres aussi.
Il y a de quoi être fasciné...

Dominique MAZIN
Psychologue-psychanalyste, spécialisée dans l'enfance

INTRODUCTION À LA CRADOLOGIE

Parfois puant. Parfois croûteux. Parfois même dégoûtant… Eh oui, il faut bien l'admettre : il s'agit de votre corps.

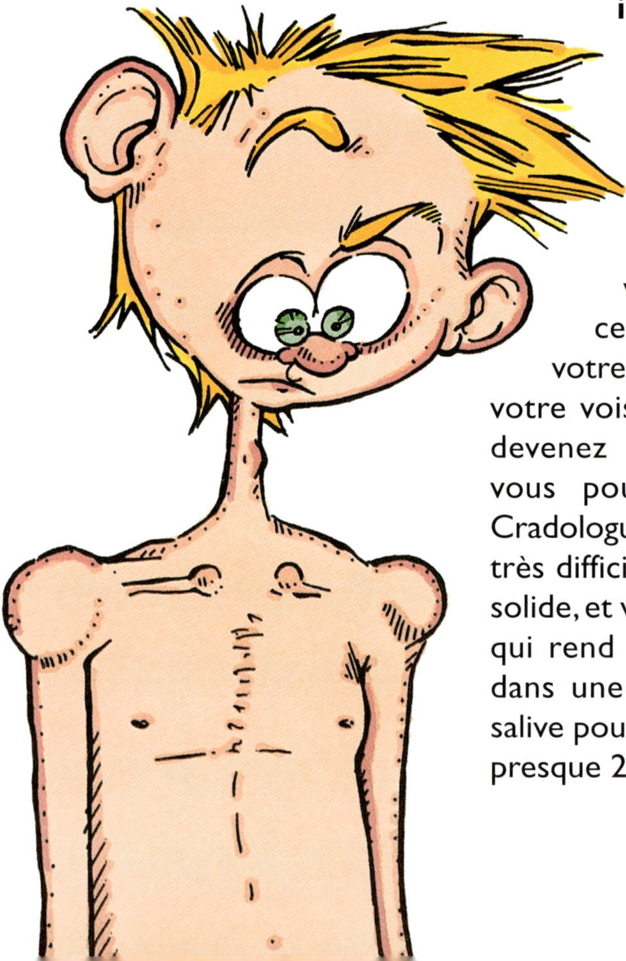

Généralement, vos propres odeurs, croûtes et autres écoulements ne vous dégoûtent pas, c'est sur le corps des autres qu'ils vous répugnent ! Pourtant ce sont les mêmes sur vous, votre oncle, votre professeur ou votre voisin. En lisant ce livre, vous devenez un Cradologue débutant, vous pourrez même devenir un Cradologue expérimenté. Ce n'est pas très difficile, il suffit d'avoir l'estomac solide, et vous apprendrez tout sur ce qui rend malade. Par exemple, que dans une vie on fabrique assez de salive pour remplir plusieurs piscines, presque 25 000 litres !

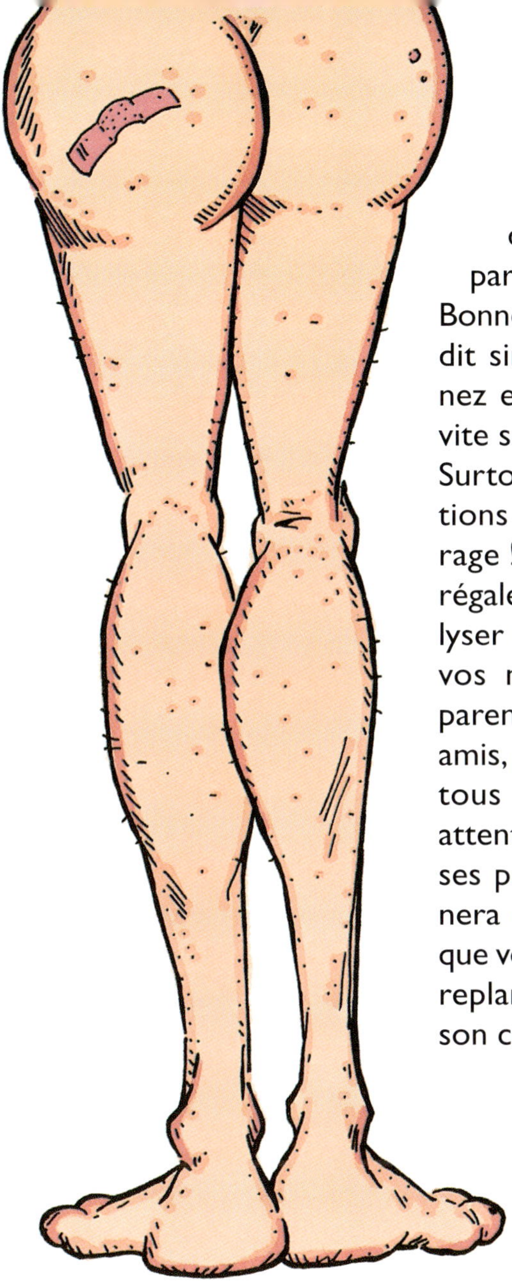

Ainsi, au Moyen Âge, se fourrer les doigts dans le nez en public était parfaitement accepté. Une demoiselle Bonnes Manières de l'époque vous aurait dit simplement : « Oh, votre crotte de nez est tombée par terre… Écrasez-la vite sous votre soulier ! »

Surtout, veillez à partager ces informations cradologiques avec votre entourage ! Qu'ils en profitent ! Qu'ils s'en régalent ! C'est assez intéressant d'analyser leurs réactions. Vérifiez l'effet sur vos mère, père, frère, sœur, grands-parents, tantes, oncles, voisins, cousins, amis, professeurs, conducteurs de bus et tous ceux qui vous écouteront. Mais attention ! N'oubliez pas que chacun a ses propres limites. Tel sujet vous donnera envie de vomir votre goûter alors que votre cousin s'écriera : « Sympa ! » et replantera avec appétit les dents dans son croissant.

MATIÈRES VISQUEUSES ET MOLLES

Vomi

Vous êtes en plein dîner, vous commencez à beaucoup saliver ; les muscles de votre estomac se contractent ; vous prenez une profonde inspiration avant de partir en courant vers la salle de bains ; vous vous plantez devant le lavabo, bouche grande ouverte… Rrrrraaaaaaalllllllllfffffff !!!
Et revoilà votre dîner !
Après une crise aiguë de vomissements, certaines personnes disent avoir « craché leurs entrailles ». Erreur ! Cette affirmation est totalement fausse ! Vos entrailles restent exactement à leur place d'origine, c'est le contenu desdites entrailles qui est expulsé ! Une analyse sérieuse, scientifique, de votre vomi avant de tirer la chasse d'eau ou de nettoyer le lavabo, vous permettrait de découvrir sa composition. Naturellement, le vomi contient déjà tout ce qui n'a pas été assimilé lors de votre dernier repas. Vous avez sans doute remarqué qu'on y retrouve les éléments difficiles à digérer comme les fruits et les légumes. Mais ce n'est pas tout ! Il y a ce liquide clair et visqueux, le **mucus**, dilué dans la salive. Le mucus est produit par des glandes pour protéger les parois de votre estomac.

Cradingue ! Gros plan d'une bactérie de l'intestin.
© David M. Phillips

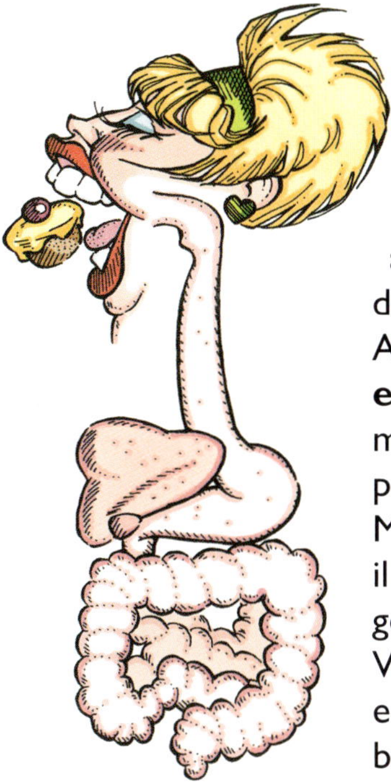

Sans lui, elles seraient rongées par l'acide chlorhydrique dont le rôle est de transformer la nourriture lors de la digestion. C'est un acide si fort qu'il anéantirait l'acier inoxydable des lames de rasoir !

Autre composante intéressante du vomi : les **enzymes**. Les enzymes découpent en tout petits morceaux les lipides (les graisses du beurre), les protéines (la viande) et les glucides (les féculents). Mais quand l'acide remonte au lieu de descendre, il continue son travail. C'est pour cela que votre gorge peut être irritée quand vous avez vomi.

Voilà, vous savez tout sur le contenu de votre estomac répandu sur le carrelage de la salle de bains.

Mais que dire de cette jolie couleur verte du vomi ? Cette jolie couleur ne provient pas du contenu de votre estomac. C'est de la **bile** ! Vomir fait généralement remonter cette substance de votre intestin grêle à votre estomac. La bile est composée de sels, de cholestérol (comme celui que vous trouvez dans les aliments gras) et de bilirubine, un pigment qui rend votre vomi vert et votre caca marron.

Maintenant, la prochaine fois que vous vomirez, vous pourrez crier : « Waouh ! Je viens d'éjecter du mucus, de la salive, de l'acide chlorhydrique, des enzymes, de la bile et… mon dîner ! »

Si vous demandez à la plupart des gens : « Qu'est-ce que votre corps peut produire de plus répugnant ? » ils répondront : le vomi. Faites un sondage ! Interrogez vos camarades de classe, votre famille et la caissière de l'épicerie ! Mais préparez-vous à devoir supporter la description détaillée de leurs pires souvenirs. Les gens adorent raconter leurs histoires de vomi...

Même les mots signifiant vomir sont repoussants ! Dégobiller, gerber, rendre, dégueuler ! Pourtant vomir est essentiel pour votre organisme ! Il se débarrasse de ce qu'il trouve nocif pour lui ! En fait, vomir est si nécessaire que c'est une zone du cerveau qui déclenche cet acte incontrôlable. Quand ce centre vomitif entre en action, vous ne pouvez plus rien faire que tout lâcher ! Mais pourquoi déclenche-t-il les vomissements ?
Parce que quelque chose dérange les parois de votre estomac. Trop de nourriture, trop de boisson, l'absorption d'un poison, des germes comme les bactéries ou les virus. Tout cela peut irriter votre estomac. Et quand il se met en colère, attention !
Les femmes enceintes vomissent souvent. On en attribue la responsabilité aux hormones, mais aussi à l'émotion. « Ô joie ! Je vais avoir un bébé ! *Rrrrrroooaaaallllllffff !* » En fait, une femme enceinte change très vite durant sa grossesse : ce bouleversement modifie l'équilibre de son corps et son estomac en est tout retourné !

La lecture de ce chapitre vous a retourné l'estomac ? Le stress, les odeurs, les images et les pensées dégoûtantes suffisent à vous donner envie de vomir. Et vous vomissez…

Un vomi peut être projeté sur de grandes distances, atteindre un plafond, traverser une pièce. Cela se produit quand votre gorge contractée ne laisse qu'une ouverture trop réduite au vomi en voie d'expulsion. C'est comme lorsque votre pouce bouche à moitié l'arrivée d'eau du robinet ! Le vomi projeté est la grande spécialité des très jeunes enfants.

Ne vous faites pas vomir exprès ! C'est dangereux pour votre estomac, votre gorge, votre bouche et vos dents.

Les scientifiques ne savent pas exactement pourquoi le cerveau réagit ainsi. Peut-être pour que vous pensiez à autre chose ? Ce n'est pas très agréable, mais c'est efficace !

Il n'y a rien à faire pour s'empêcher de vomir. Gardez la bouche fermée, et cela sortira par votre nez. Donc, laissez-vous aller. Mais comme vomir beaucoup déshydrate, il faut remplacer tout ce liquide perdu, buvez par petites gorgées de l'eau, du jus de pomme…
Évidemment, si vous vomissez plus de deux jours d'affilée, ou si vous vomissez du sang, il faut consulter un médecin !

Crottes de nez

Sur cent personnes, 70 % reconnaissent se fouiller le nez pour déloger leurs crottes de nez. Et parmi elles, trois admettent qu'elles les avalent. Des crottes de nez ! Ces chiffres semblent un peu faibles, interrogez donc ceux que vous connaissez…

La crotte de nez peut être gluante ou croustillante. Elle peut être jaune, verte ou marron. Elle s'installe généralement à côté de ses semblables, en tas.

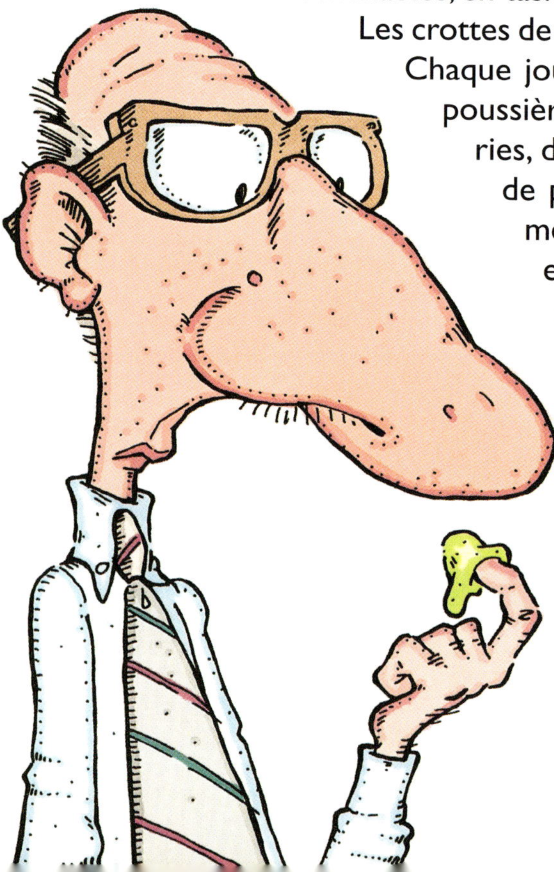

Les crottes de nez sont en fait un tas d'ordures. Chaque jour, vous aspirez un air empli de poussière, de fumée, de saletés, de bactéries, de microscopiques champignons, de pollen, de suie, de particules de métal, de cendre, de duvet, de sable, et même de tout petits bouts de météorites. L'une des fonctions du nez est de nettoyer tout ça. Les poils du nez sont les premiers à filtrer l'air. Le nom scientifique de ces poils est **vibrisses** (en latin *vibrissae*). C'est le même mot pour les moustaches de chat ! Observez vos vibrisses… ou mieux, les poils de nez de votre père, de votre oncle, ou de votre grand-père. Les hommes adultes ont plein

de poils dans le nez. Les vibrisses travaillent comme travaillerait un balai. L'air est soufflé entre les poils du balai et les déchets y restent coincés. Maintenant... imaginez que ce balai soit trempé dans l'huile ! À coup sûr, cela retiendrait encore mieux ce magma dégoûtant ! Eh bien, c'est exactement ce qui se passe. Un liquide collant appelé mucus (ou morve) enduit les poils de votre nez. Toutes les saletés y restent accrochées, engluées dans ce mucus nasal. Petit à petit, le tout s'agglomère et forme un morceau plus gros : une vraie belle crotte de nez !

Si vous respirez un air plus sec, vous fabriquez une crotte de nez sèche.

Si votre nez déborde de mucus ou si l'air est humide, la crotte de nez peut rester agréablement moelleuse.

Une crotte de nez restera collée tant qu'elle ne sera pas éjectée, aspirée ou grattée.

En conclusion, les crottes de nez sont du mucus nasal pollué. Avaler ses crottes de nez est donc une très mauvaise idée.

Caca

Savez-vous que chaque année des milliards d'euros sont dépensés en eau pour chasser le caca, en papier-toilette pour l'essuyer, en installations pour l'y déposer et en usines de traitement des eaux pour l'éliminer ? Et l'argent continuera à couler à flots car nous continuerons toujours à en produire. Caca, popo, excréments, grosse commission, étron, défécation, selles, matière fécale… tous ces mots pour nommer ce flux sans fin de déchets solides !

Aujourd'hui vous allez sans doute faire caca (ou peut-être demain si vous ne faites que tous les deux jours). « Faire caca » est une expression plutôt idiote car, en réalité, vous ne « faites » pas grand-chose. Disons que vous abandonnez quelque chose derrière vous.

Ce déchet que vous déposez contient les parties non digérées des aliments du jour précédent, de l'eau, des sels, des cellules de muqueuse intestinale, des petites créatures vivantes appelées bactéries, des déchets de bactéries et des colorants.

Les fibres des légumes terminent dans les toilettes ! Car votre corps en prélève les éléments nutritifs qui passent dans votre tube digestif. Ce qui ne l'intéresse pas continue son voyage dans le gros intestin (un tube plus large) et puis… sort. Peut-être avez-vous remarqué que les grains de maïs ne sont pas digérés par votre corps ?

Le caca est composé à presque 50 % de bactéries ! Par milliards, ces toutes petites créatures vivent dans la partie de votre intestin appelée colon. Chargées d'engloutir les restes, elles produisent des gaz et des produits chimiques appelés **indole** et **scatole**. Ce sont eux qui créent cette odeur caractéristique de la crotte qui attire les mouches et les chiens curieux.

Ces gaz fabriqués par les bactéries s'accumulent et se libèrent en pets. Les boulettes de caca se rassemblent pour sortir, l'espace qui les sépare est rempli de gaz… Et quand il s'échappe, vous klaxonnez !

C'est la bile qui donne sa couleur au caca : elle peut être jaune, vert olive ou brune, mais les bactéries du colon décomposent ces pigments. Et le caca devient marron. Aaah… sans les bactéries, il aurait les couleurs variées de la bile ! Nos déchets seraient joliment bariolés !

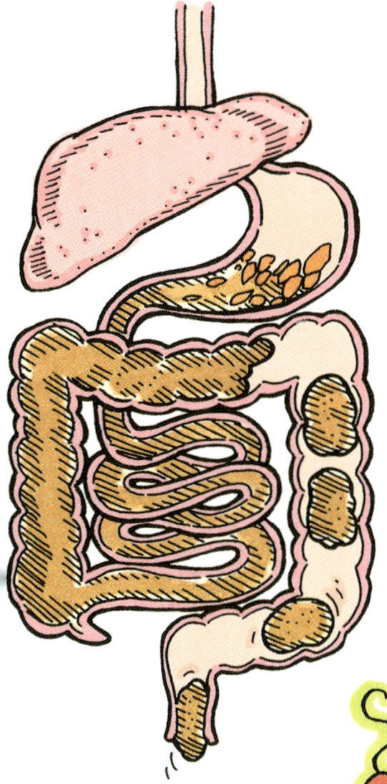

Expérience spécial caca !

Matériel : un petit tube en caoutchouc creux (pas un tuyau d'arrosage), un entonnoir, de l'huile de cuisson, une bille.

Mode d'emploi : le tube (assez large pour la bille) représente votre gros intestin. Placez-le au-dessus du lavabo. Avec l'entonnoir, versez dedans une petite quantité d'huile (le mucus qui tapisse votre gros intestin). Placez à plat le tube à l'intérieur d'un objet en forme de fer à cheval. Insérez la bille (une crotte, évidemment). Pincez le tube derrière la bille, remarquez comme elle saute vers l'avant. Continuez à pincer jusqu'à ce qu'elle jaillisse au bout du tube ! Vous devinez sans doute ce que représente cet orifice…

Toutes les bactéries de vos intestins empliraient un grand verre… Quelqu'un en veut une gorgée ?

Votre usine personnelle à crottes est votre gros intestin. Placé sous votre taille, il mesure 1,50 mètre de long et ressemble à un tube en forme de fer à cheval. Connecté à l'intestin grêle, il devient le **rectum** (prononcez REC-TOMME) sur les vingt derniers centimètres et se termine au centre de votre **anus** (ANUSSE). Le service de livraison des crottes est donc assuré par le rectum et l'anus !

Vous pouvez imaginer votre intestin comme une voie de chemin de fer et vos crottes comme des wagonnets. Chaque jour, un nouveau wagon arrive et éjecte le wagon précédent à l'autre extrémité de la voie. Parfois il pousse assez fort pour éjecter plusieurs wagons ! Ce sont les muscles de votre intestin qui le font avancer. Ce mouvement non conscient est appelé **péristaltique** (PÉRI-STAL-TIC) (voir expérience page précédente). Quand les crottes remplissent le rectum, un message est envoyé à votre cerveau pour l'informer qu'il est temps d'y aller. Si ce n'est pas immédiatement possible pour vous, votre cerveau prévient votre anus qu'il ferait bien de rester fermé. Sans ce contrôle, vous porteriez probablement encore des couches ! Au bon moment donc, et de préférence aux toilettes, vous aurez une poussée péristaltique, c'est l'expression scientifique pour dire « faire caca ».

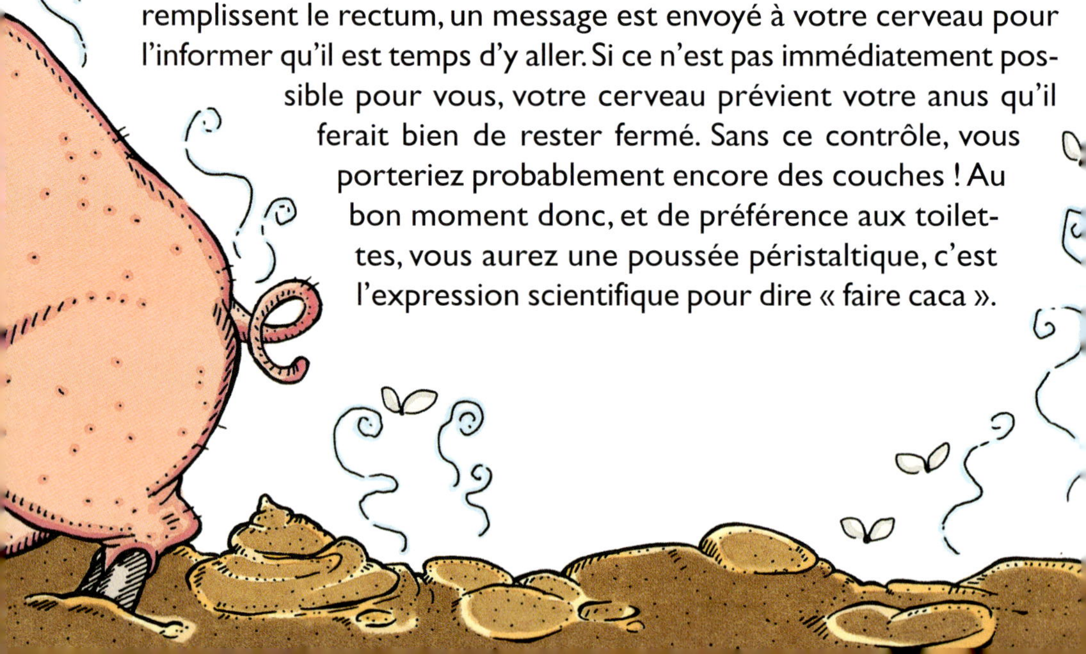

Les muscles de votre rectum se raccourcissent, augmentant la pression à l'intérieur, et vous poussez volontairement avec les muscles de votre abdomen (les abdominaux). Votre anus s'ouvre et le caca est éjecté. *Splash !* Quel soulagement !

L'énergie de la crotte !

Longtemps, les fermiers chinois ont exploité la crotte de cochon. Les bactéries y continuaient leur travail et produisaient un gaz naturel, le méthane. Un tuyau inséré dans le mélange fécal acheminait le gaz dans les maisons pour cuisiner. Imaginez... ils cuisinaient le porc à la chaleur des crottes de porc !

Diarrhée

Dites très fort le mot « diarrhée ». Ça sonne bien, n'est-ce pas ? Si vous avez lu correctement le passage sur les excréments, vous savez tout du mouvement péristaltique. Or, la diarrhée, c'est le mouvement péristaltique devenu fou ! En cas de diarrhée, vous faites beaucoup plus souvent caca qu'en temps normal. La crotte garde sa forme d'origine, c'est-à-dire liquide, et vous, vous courez constamment aux toilettes. Saviez-vous qu'un des autres noms de la diarrhée est la « courante » ?

Quand votre gros intestin et votre intestin grêle s'irritent, vous avez la diarrhée. « Cette chose me gêne... Expulsons-la rapidement et finissons-en ! » se dit votre tube digestif et c'est exactement ce qu'il fait. Sans que l'on s'en aperçoive, les muscles de l'intestin se pincent et se serrent, se resserrent et se repincent si souvent que l'eau n'a plus du tout le temps d'être absorbée par les parois. Et comme si cela ne suffisait pas, l'intestin

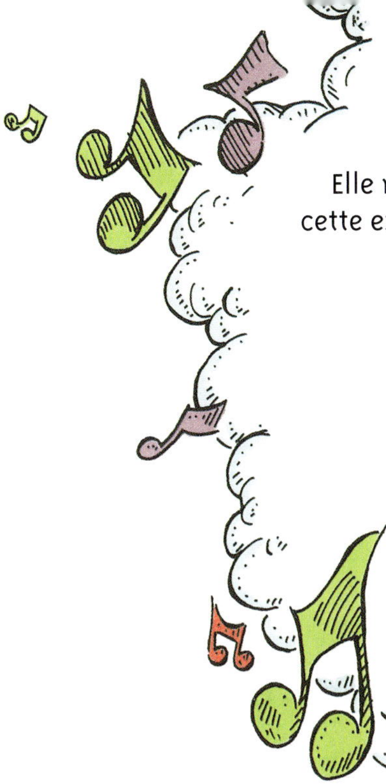

Connaissez-vous cette chanson ?
Chantez-la en courant aux toilettes.
Elle ne vous évitera pas la diarrhée mais égaiera
cette expérience passionnante : courir et déféquer...

Il court, il court aux toilettes
C'est à cause de la diarrhée
Il court, il court, dès le lever
Il est vraiment très pressé.

Il a foncé par ici
C'est à cause de la diarrhée
Il projettera par là...

Il court, il court aux toilettes...

contrarié aggrave le problème en formant des fluides qui suintent : « Puisqu'on m'énerve, je pleure ! »
Et voici le résultat : une quantité impressionnante de caca liquide !

Souvent, c'est la grippe intestinale ou ***gastroentérite virale*** [**gastro** (estomac) **entérite** (intestin) **virale** (à virus)] qui vous donne la diarrhée. De minuscules créatures appelées virus envahissent les cellules de vos intestins et s'y installent. Aussi longtemps que ces virus seront présents, vos intestins suinteront et se contracteront. La maladie dure plusieurs jours, et sa victime devient un habitué des toilettes. Plus d'une centaine de maladies peuvent provoquer une diarrhée, ainsi que le stress, des allergies alimentaires, une intolérance au lait ou certains médicaments. Finalement, c'est tout à fait extraordinaire que vous n'ayez pas la diarrhée en permanence mais seulement un ou deux jours par an !

La Tourista, le Galop grec, la Revanche de Monctezuma, la Danse aztèque, le Ventre de Delhi… Que peuvent avoir en commun tous ces noms ? Tous sont des types de diarrhées du voyageur ! Des millions de touristes voyagent chaque année vers un autre pays et un quart d'entre eux attrape une diarrhée. Les scientifiques ont parcouru le monde pour étudier la diarrhée du voyageur. Certains chercheurs ont même convaincu un groupe de voyageurs de leur envoyer un échantillon de leurs selles pour l'analyser. Et ils ont découvert que c'est en buvant ou en mangeant que les voyageurs absorbent différents types de bactéries, de virus, et autres responsables de la diarrhée.

Les voyageurs attrapent la diarrhée, les habitants non, car ils sont habitués aux micro-organismes de leur environnement. *Alors je ne dois pas quitter ma chambre ?* Évidemment, en restant chez vous, vous éviterez la Danse aztèque… Mais choisir avec soin votre nourriture et ne boire que de l'eau en bouteille devraient vous permettre de voyager sans risque, et c'est plus réjouissant !

De toute façon, vos chances d'attraper un type quelconque de diarrhée dans l'année qui vient sont extrêmement élevées, même si vous restez à la maison ! Et vous guérirez au bout de quelques jours. Pensez à boire des boissons contenant sucre et sel pour compenser les pertes après la guerre du caca liquide !

Pipi

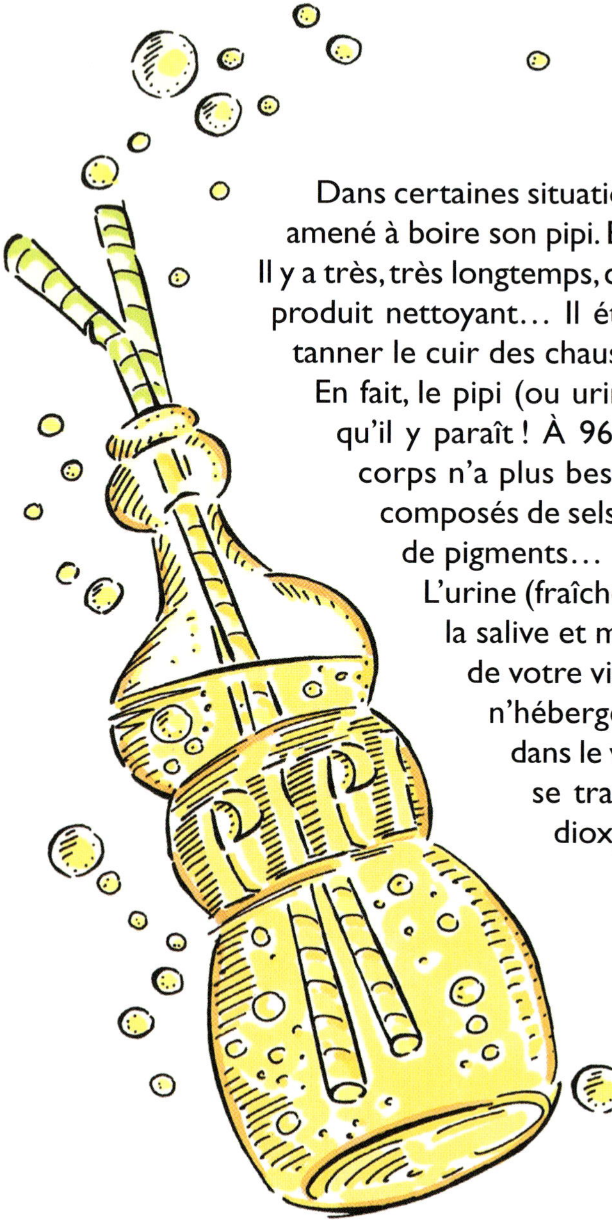

Dans certaines situations très difficiles, on peut être amené à boire son pipi. Et cela peut sauver la vie.

Il y a très, très longtemps, certains s'en servaient comme produit nettoyant… Il était également employé pour tanner le cuir des chaussures et des vêtements.

En fait, le pipi (ou urine) n'est pas aussi dégoûtant qu'il y paraît ! À 96 %, c'est de l'eau dont votre corps n'a plus besoin. Les 4 % qui restent sont composés de sels, d'urée, de vitamines en trop, de pigments…

L'urine (fraîche) est plus propre que le caca, la salive et même plus propre que la peau de votre visage. Un pipi sain est stérile, il n'héberge pas de bactéries, lui ! Mais dans le vieux pipi, l'urée se désagrège, se transforme en ammoniac et en dioxyde de carbone.

L'**ammoniac** donne au vieux pipi une odeur forte. L'ammoniac est utilisé comme liquide nettoyant dans beaucoup de maisons, mais celui que vous achetez dans les magasins n'est pas fabriqué à partir de l'urine.

Dans votre corps, le système à pipi est séparé du système à caca. L'urine et les selles ne se mélangent jamais. Le pipi est produit au niveau des reins qui filtrent le sang puis, il voyage directement vers la vessie et sort par l'urètre.

Chaque jour vous produisez quatre à huit verres de pipi. La quantité varie suivant la température de l'air, votre nourriture, vos boissons. Vous urinez plusieurs fois par jour car votre vessie ne contient pas l'équivalent de huit verres mais seulement de deux.

Les reins laissent goutter le pipi dans la vessie, qui le stocke quelques heures ; elle se remplit, s'étire et soudain, elle envoie un message à votre cerveau : « Il serait temps d'y aller ! » Une vessie vide ressemble à une montgolfière ratatinée ou encore à un pruneau de sept à huit centimètres de large.

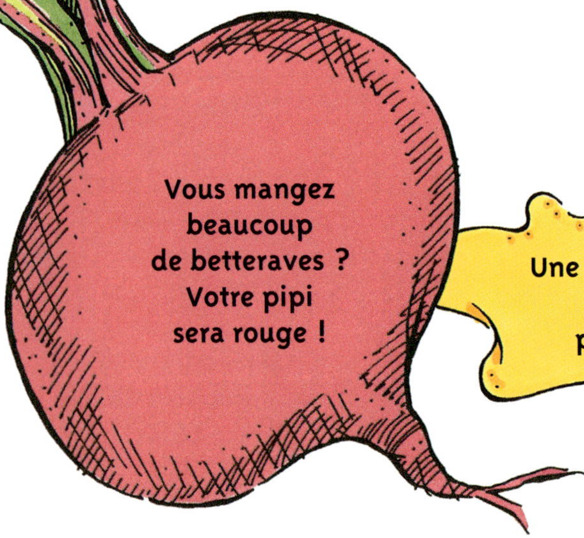

Une personne urine dans sa vie 34 830 litres... plus de 300 baignoires !

Manger des asperges change l'odeur du pipi !

Au XVIIe siècle, des médecins anglais ont réussi à convaincre des patients qu'ils pouvaient transformer le pipi en or !

Expérience spécial pipi !

Matériel : récipient en plastique (demi-bouteille d'eau), feutre indélébile, tasse, eau, crayon, papier, vous tout seul, savon, serviette.

Mode d'emploi : versez une demi-tasse d'eau dans le récipient et faites une marque de niveau. Versez d'autres demi-tasses et marquez chaque fois. Videz le récipient quand il est plein. Dès le matin suivant, faites pipi dans le récipient et notez la quantité, la date et l'heure sur une feuille. Videz l'urine dans les toilettes, lavez-vous bien les mains et nettoyez le récipient. Notez toute la journée vos quantités de pipi et totalisez votre production. Le lendemain, buvez beaucoup, beaucoup d'eau et renouvelez l'expérience. La quantité de pipi augmente-t-elle quand vous buvez davantage ?

Crachat et salive

Penser à la nourriture peut suffire à vous faire saliver.

La salive est composée d'eau à 99,5 %. Le reste est un mélange de substances qui détruisent les bactéries : des sels, des gaz, des anti-acides, du mucus, des enzymes et de l'urine. *De l'urine ? J'ai du pipi dans la bouche ?* Eh oui, la bouche de chacun a un point commun avec un pot de chambre…

Ce filet de pipi vient des **glandes** qui fabriquent la salive. Ces glandes tapissent l'intérieur de vos joues et laissent écouler de petites quantités de salive. Certaines se cachent aussi sous votre langue.

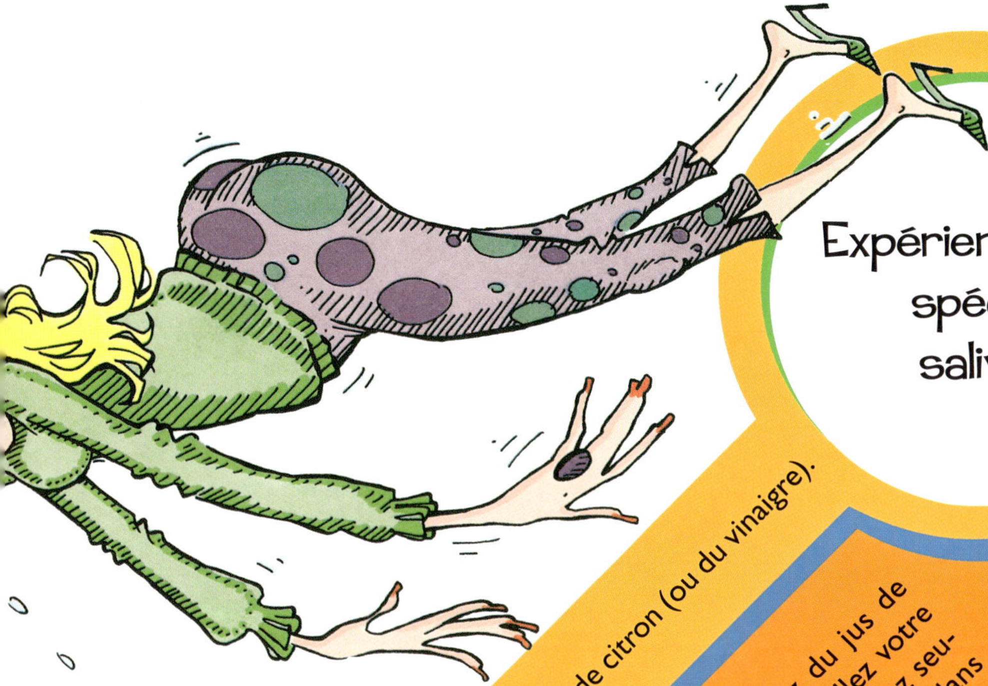

Expérience spécial salive !

Matériel : du jus de citron (ou du vinaigre).

Mode d'emploi : versez du jus de citron dans un verre et collez votre nez dessus. Ne buvez pas, sentez seulement. Alors ? Que se passe-t-il dans votre bouche ?

Cracher les graines de pastèque est très populaire aux États-Unis ! C'est un Texan, Lee Wheelis, qui détient le record du monde avec un crachat envoyé à 20 mètres et 96 centimètres ! Essayez donc de le battre…

Salive magique : transformez les féculents en sucre !

En Afrique, chez les Massaïs, cracher s'assimile à un geste de bienveillance. On crache sur un nouveau-né pour lui porter bonheur.

Matériel : du pain et un peu de temps.

Mode d'emploi : placez le pain dans votre bouche et mâchez-le longtemps sans l'avaler. Attendez plusieurs minutes que la salive agisse… Avalez ! Alors ? Quel goût avez-vous dans la bouche ?

Pensez à une bouteille d'un litre… C'est à peu près la quantité de salive qui entre chaque jour dans votre bouche ! Vu ? Maintenant pensez à 190 bouteilles d'un litre… C'est la quantité produite par une vache !

La salive est un truc formidable. Elle détrempe la nourriture pour qu'elle soit facile à avaler. Elle élimine les bactéries qui pourraient vous donner des caries. Et encore plus fort… les enzymes qu'elle contient cassent les molécules d'amidon et les transforment en molécules de sucre. Oh, merci, les enzymes !

Grand test de la salive !

Matériel : deux gâteaux salés, de la teinture d'iode, deux tasses.

Mode d'emploi : broyez un biscuit dans une des tasses. Ajoutez plusieurs gouttes de teinture. Si ça devient foncé, c'est qu'il y a de l'amidon dedans. Mâchez longtemps l'autre gâteau. NE MANGEZ PAS celui qui a de la teinture d'iode ! D'abord, vous rateriez l'expérience, mais, surtout, c'est un poison. Votre gâteau est en bouillie ? Crachez-le dans l'autre tasse et ajoutez de la teinture d'iode… Alors ? C'est la même couleur ?

En colère, les chameaux et les lamas crachent dans l'œil de la malheureuse personne qui se trouve là au mauvais moment !

Morve

La morve fait partie de vos aliments quotidiens mais vous n'y pensez jamais. *Quoi ? La morve ?* Oui, vous en avalez presque un litre chaque jour. Vous avalez même plus de morve que vous ne buvez de lait ! Mais cela ne se passe pas exactement comme si vous preniez un verre en disant : « Oh ! Vite, mon verre de morve quotidien ! » Non, la morve sort de la zone nasale à l'arrière de votre gorge et se retrouve dans votre estomac.

La morve est un liquide gluant appelé **mucus nasal,** chargé de substances tueuses de bactéries. C'est un liquide dense, transparent comme le verre. *Transparent comme le verre ? Vous voulez dire vert jaunâtre ?* Non. Quand vous êtes malade, le vert jaunâtre de votre morve est dû aux bactéries et à leurs déchets. La morve empêche ces saletés d'atteindre vos poumons. La morve est si importante que votre nez en fabrique une nouvelle dose toutes les vingt minutes. Pour qu'elle ne coule pas de vos narines, votre nez est rempli de poils. Si vous avez lu le paragraphe sur les crottes de nez, vous en savez déjà beaucoup à leur sujet.

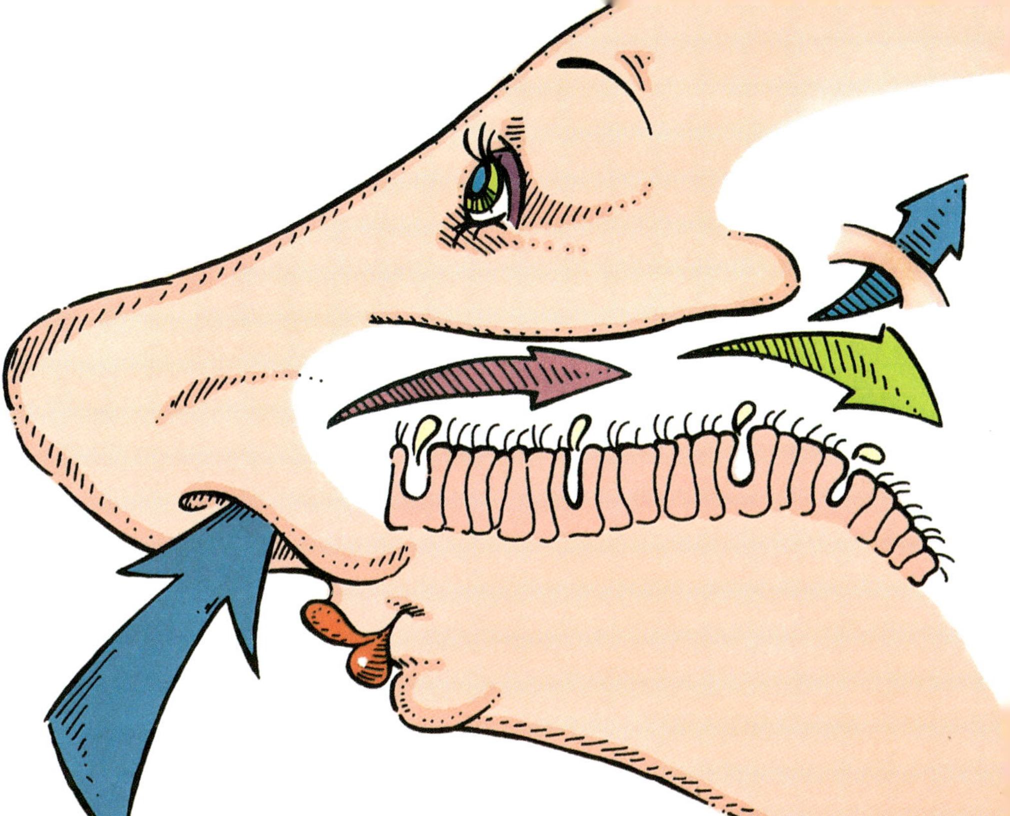

Certains poils sont épais et piègent les grosses particules, ce sont les vibrisses ; d'autres, microscopiques, sont appelés **cils**. Ces millions de cils entraînent le mucus nasal vers l'arrière du nez. Chaque cil fait une dizaine de vibrations par seconde, et tous ensemble ils déplacent la morve d'un demi-centimètre par minute. La morve mouvante ramasse des débris miniatures en chemin : cette équipe de nettoyage nasal élimine ainsi des déchets minuscules. Puis elle va déverser la morve dans le vide-ordures : votre gorge. Tel un incinérateur de déchets, votre estomac, grâce à l'acide chlorhydrique qu'il sécrète, détruit finalement les germes et tout ce que vous avez pu inspirer. Votre équipe de nettoyage fait un si bon boulot que cette zone nasale est l'une des plus propres de votre corps !

Autrefois,
quand leur nez gouttait,
les gens pensaient que
leur cerveau s'écoulait
par les narines...

Dans certaines tribus eskimo, la maman aspire la morve du nez de son bébé et la crache au sol !

Vous vous rendez compte du travail acharné de vos cils seulement quand ils ne fonctionnent plus. Quand ils gèlent, par exemple, la morve goutte de votre nez comme d'un robinet. Quand vos fosses nasales par lesquelles passe l'air se bouchent, le mucus ne bouge plus, il devient épais, les cils ne peuvent plus travailler. La nouvelle morve ne s'écoule plus. Votre système d'épuration de l'air est hors service, les bactéries prolifèrent. Résultat : une morve épaisse, jaune et verdâtre… Ceux qui font des allergies ont tout le temps le nez qui coule ! Leur propre corps sécrète des substances chimiques qui ordonnent à leur nez : « Alerte au pollen ! Bloque tes sinus ! Fais-les gonfler, fabrique du mucus ! » C'est pour cela qu'ils reniflent en permanence…

Cire d'oreille

Évitez d'introduire quoi que ce soit dans votre oreille ! Pas de coton-tige, de brosse à dents, de stylo, de petit pois, de bicyclette, de téléviseur et pas de carotte.

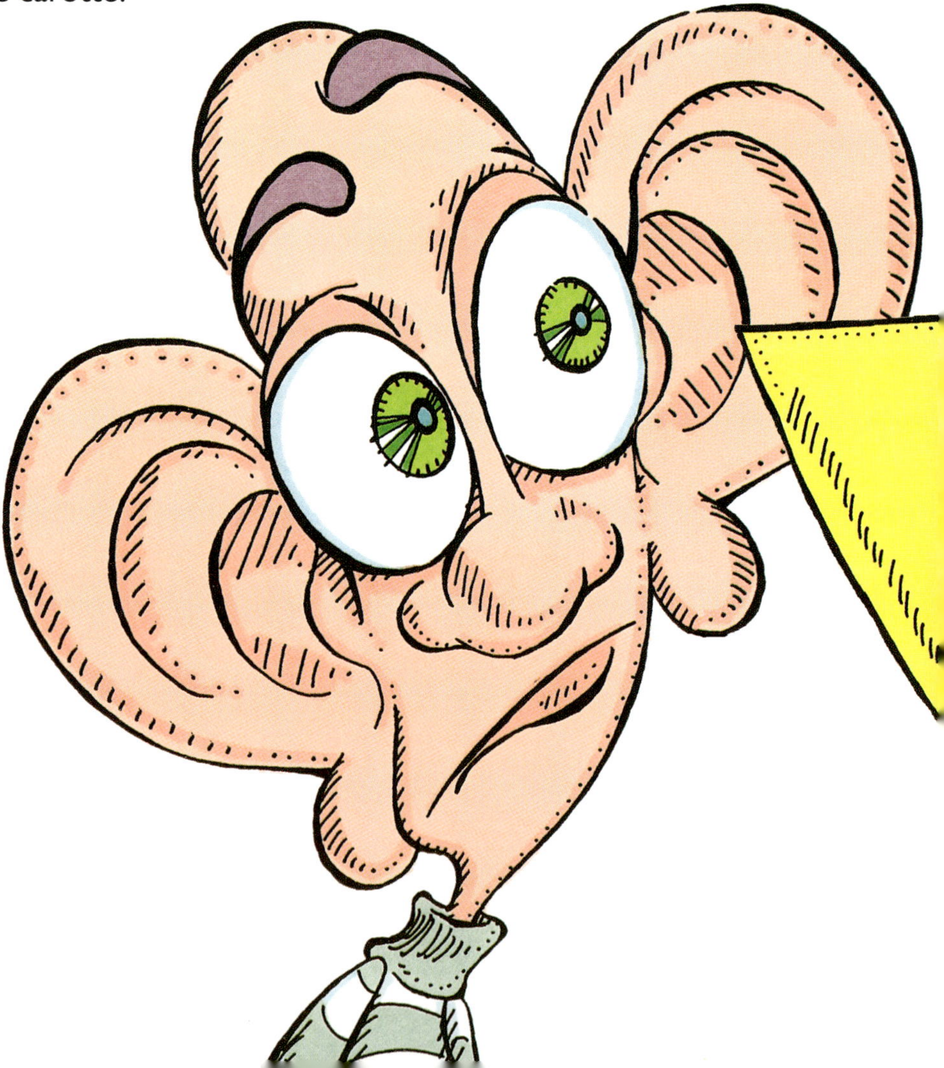

Mais alors, comment est-ce que je nettoie ce truc cireux ? Vous ne le nettoyez pas ! La cire d'oreille sèche naturellement, se désagrège et sort quand vous bâillez ou avalez. Certes, c'est dégoûtant de savoir qu'on éjecte partout des petits bouts de cire d'oreille… mais en voulant enlever la cire, vous risquez de l'enfoncer dans votre canal auditif près de votre tympan. C'est mauvais pour votre audition. Et il y a pire : votre coton-tige peut abîmer votre tympan et causer des dommages auditifs permanents !

L'oreille se divise en trois parties : l'oreille externe, l'oreille moyenne et l'oreille interne. L'oreille externe est la partie où se fabrique la **cire** ou **cérumen** (Prononcez CÉ-RU-MÈNE). Près de 2 000 glandes sudoripares spéciales y travaillent ! La cire tapisse l'intérieur du canal pour emprisonner la saleté et les poussières. Dans les endroits pollués, les gens fabriquent plus de cire d'oreille.

La cire d'oreille peut être humide, sèche, huileuse, collante et marron orangé, ou cassante et grise.

Boutons et pustules

Question : quel est le plus grand organe du corps humain ? Le cœur ? L'estomac ? L'intestin ? Faux, c'est la peau ! Mettez vos mains sous une loupe et observez votre peau. Vous voyez des poils et des petits trous (ou pores). Souvent les poils sortent des pores mais certains pores n'ont pas de poil. Vous voyez aussi des bouts de peau comme des petits copeaux, ce sont des cellules mortes. Vous vous débarrassez en permanence des vieilles cellules pour produire une couche de peau neuve tous les 28 jours ! En un mois, on change de peau !

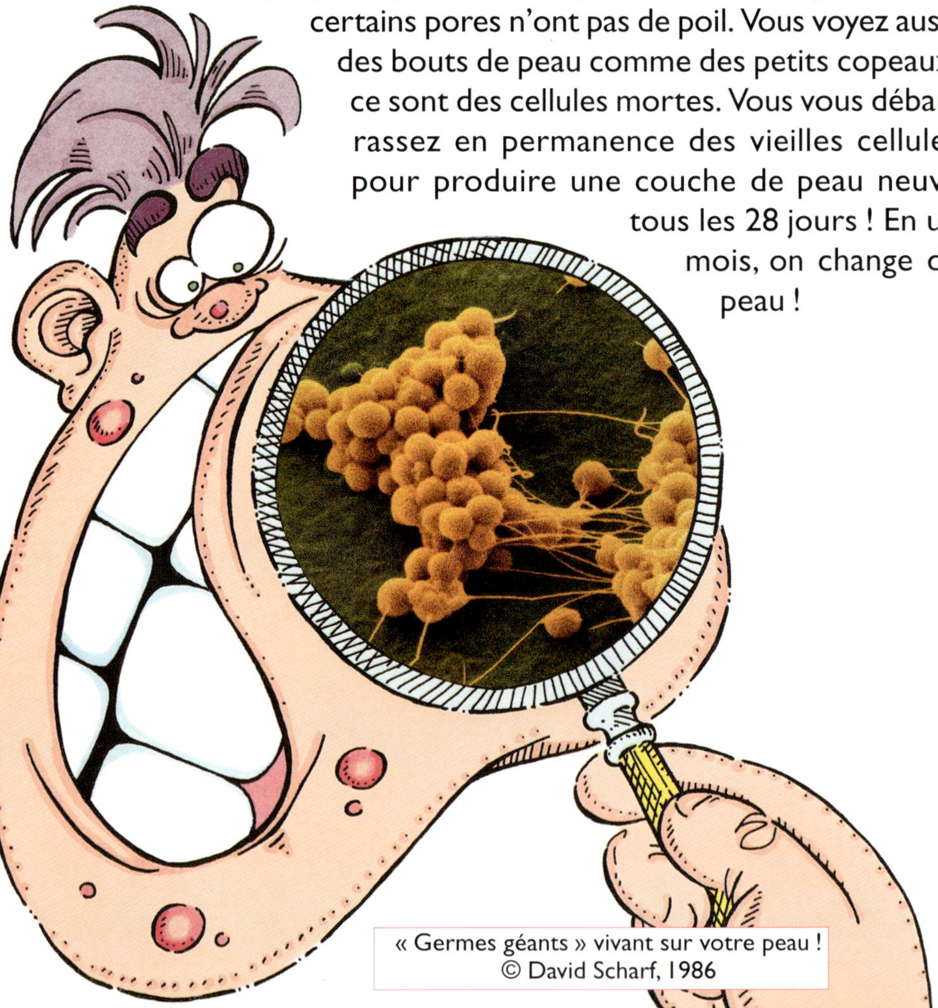

« Germes géants » vivant sur votre peau !
© David Scharf, 1986

Spécial ados : la guerre des boutons !

1. Chaque jour, lavez votre visage avec un savon doux.
2. Appliquez sur les boutons un produit qui contient du peroxyde benzoïque.
3. Ne mettez pas de crème ou de maquillage gras.
4. N'utilisez que des écrans solaires non gras.
5. Restez calme… Le stress favorise les poussées.

Test peau grasse !

Matériel : votre visage, un gant de toilette, du savon, de l'eau, de l'alcool pour friction, un coton, une montre, un mouchoir en papier.

Mode d'emploi : lavez-vous le front avec le gant et le savon, puis passez un coton imbibé d'alcool pour friction. Attendez 4 heures. Après ce délai, essuyez votre front avec le mouchoir. Plus de la moitié du mouchoir a une trace de gras ? Votre peau est grasse. Une légère trace de gras ? Votre peau est normale. Pas de gras ? Vous avez la peau sèche.

Sur votre peau, il y a aussi beaucoup de choses invisibles à la loupe : de petites quantités de globules sanguins et de pus, d'huile (sébum), de transpiration… Des bactéries s'y promènent aussi. Elles y vivent, y mangent, s'y reproduisent ! Elles sont si petites qu'une douzaine d'entre elles pourraient se mettre en ligne dans la largeur d'un pore. Sur chaque centimètre carré de vos jambes, on pourrait compter près de 1 000 bactéries, mais ce n'est rien comparé à votre nez, à vos joues, ou encore à votre menton qui en hébergent plus de 2 000 000 ! Attendez ! Ne courez pas vous laver ! Ça ne sert à rien. Ça ne les dérange absolument pas.

Et vous ne savez pas tout ! Bien d'autres bactéries vivent sous la surface de votre peau. Elles vivent sous la peau car elles détestent l'oxygène et préfèrent être sous la graisse. Sous votre front, dans un seul centimètre carré, vivent environ 1 000 000 de ces créatures inoffensives. La moitié des habitants de Paris !

Toutânkhamon, jeune roi égyptien, est mort à l'adolescence. Dans son tombeau, on a retrouvé des fioles de crème contre l'acné !

Tout ça, pris séparément, ne poserait aucun problème. Pour avoir des boutons, il faut un savant mélange de peaux mortes et de bactéries, des pores bouchés par le sébum. **Acné** est le nom médical de ces boutons. Il touche surtout les adolescents car leur corps change si vite qu'il se dérègle et fabrique d'énormes quantités de sébum. L'acné commence toujours par des peaux mortes qui bouchent les pores. Avec le sébum et les bactéries, elles forment un **comédon**. Comédon signifie « gros asticot » en latin, parce que les médecins pensaient que ces bosses étaient dues à de véritables vers mangeant le gras sous la peau… Beurk !

Si les pores se dilatent, un point noir se forme. Ne le pressez pas, il partira tout seul. Mais si le comédon ne s'ouvre pas, un bouton blanc apparaît. C'est principalement du pus. Si vous pressez le bouton répugnant, le pus gicle, et si ça grossit, cela devient un kyste.

Cloques et ampoules

Vous saviez que cette plaque de gâteaux était brûlante mais vous n'avez pu résister… Aïïïïïiie ! Plus rapide qu'un champion de boxe qui envoie un direct, vous retirez vos doigts, mais déjà votre corps entre en action pour réparer les dégâts : une cloque se forme. Les toutes petites cloques sont appelées **ampoules** ou **vésicules** (en latin : *vesiculae*), ce sont celles de la varicelle, des réactions aux médicaments et des coups de soleil. Les grandes sont appelées **cloques** (en latin : *bullae*), elles sont causées par des brûlures, des frottements répétés… Mais peu importe ! *Vesiculae*, ampoule, cloque ou *bullae*, quand tout ça est plein de liquide transparent, on dit une cloque !

Rien à faire, vos cloques vous donnent une terrible envie de les percer… Vous ne pouvez pas vous en empêcher ? Stop ! Votre corps ne les fabrique pas pour vous distraire mais pour vous pro-té-ger !

Votre peau est comme un gros gâteau d'anniversaire. La couche du dessus s'appelle l'**épiderme**, elle est composée en partie de cellules mortes. Dessous, il y a le **derme** qui est plein de vaisseaux sanguins, de glandes sudoripares, de racines de poil…

Quand vous marchez avec des chaussures neuves, le frottement endommage les cellules de votre peau et fait venir un fluide, principalement celui dans lequel flottent vos globules sanguins. La peau gonfle. Parfois des globules rouges arrivent aussi et votre ampoule est pleine de sang. Si vous appuyez légèrement dessus, vous sentez ce liquide à l'intérieur.

L'ampoule restera le temps que votre corps répare la peau. Après, elle éclatera d'elle-même, ou elle se desséchera. Seulement, et seulement si elle est très douloureuse, vous pouvez la percer avec une aiguille stérilisée. Sinon, recouvrez-la d'un pansement pour résister à la tentation !

Une ampoule peut devenir extrêmement crade ! Percée, elle est envahie par des centaines de bactéries qui attendaient là, sur la peau. La pauvre petite ampoule toute propre se transforme en monstruosité pleine de pus épais et jaune : une pustule ! Et à cause des bactéries qui meurent dedans, le pus pue ! Il est temps de voir un médecin… Dites plusieurs fois : « Pus, pus, pus… » Rien qu'à prononcer ce mot, vos lèvres se retroussent, votre nez se plisse d'un air dégoûté, non ?

La cloque truquée !

Matériel : des colorants alimentaires rouge et jaune, de la vaseline, un bol, un cure-dent, un mouchoir en papier blanc.

Mode d'emploi : choisissez l'endroit idéal sur votre peau et faites une tache ovale avec le colorant rouge. Dans le bol, déposez de la vaseline et une goutte de jaune, mélangez avec le cure-dent. Placez une grosse goutte de ce mélange jaunâtre au centre de l'ovale rouge. Prélevez une seule épaisseur du mouchoir et découpez-la en ovale. Posez le papier sur l'ampoule et tapotez-le avec de la vaseline jusqu'à ce qu'il devienne invisible. Nettoyez les bords et montrez vite votre chef-d'œuvre en demandant : « Tu n'aurais pas un truc pour que je crève cette cloque ? »

Pellicules

Chaque jour, dix milliards de petits bouts de peau morte tombent de votre corps. Ça volette, ça atterrit partout sur le sol, les meubles, la pelouse, ou sur d'autres personnes. En une vie, vous en produirez de quoi remplir un sac de vingt kilos de farine (un beau gâteau !). Plus des trois quarts de la poussière récoltée dans une maison sont faits de cellules de peau morte. De nouvelles cellules les remplacent, et tous les vingt-huit jours on recommence…

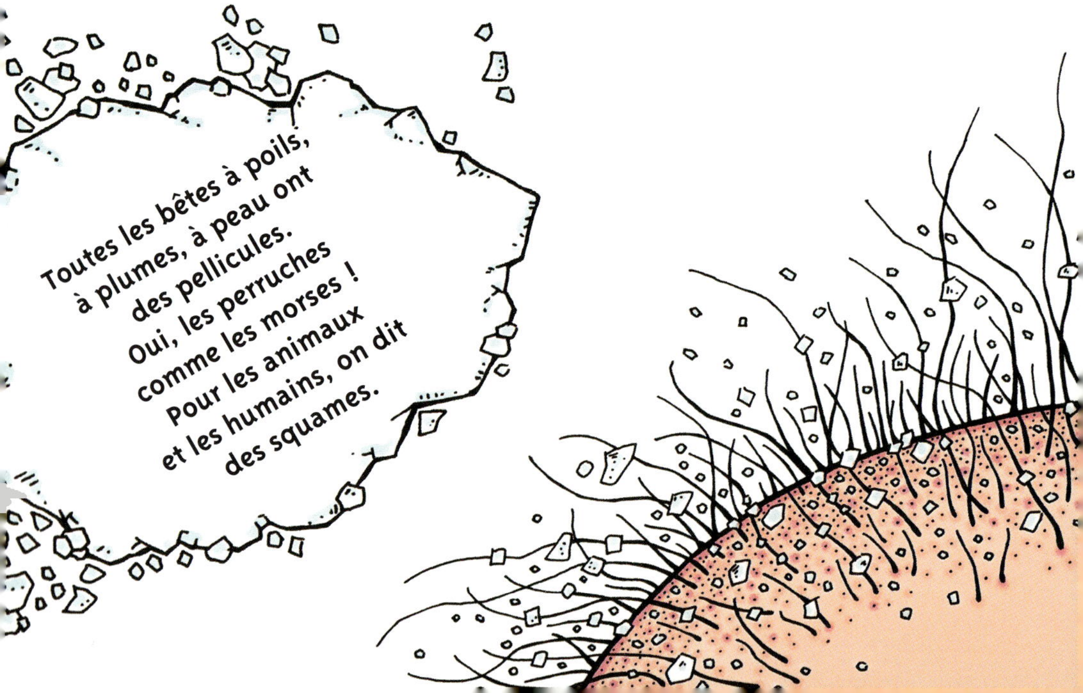

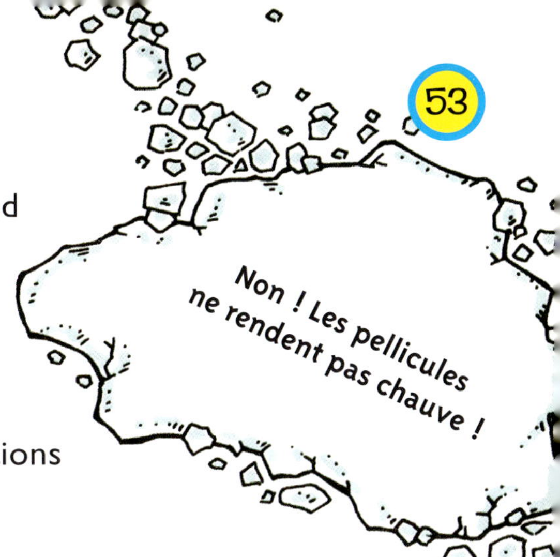

Certaines personnes paniquent quand elles voient ces petits bouts de peau pleuvoir de leur tête et recouvrir leurs épaules. « Oh, non ! J'ai des pellicules ! C'est crade ! » Et ils se précipitent dans une pharmacie, achètent des shampoings et des lotions pour se frictionner le cuir chevelu.

En fait, avoir des pellicules est plutôt normal. La moitié des gens entre dix et vingt ans en ont. Quand votre tête refait des cellules de peau, les mortes doivent bien aller quelque part, alors elles tombent. Mais prisonnières de vos cheveux et du sébum, elles se chargent de poussière, et se transforment en pellicules graisseuses, jaunes ou grisâtres ! La plupart du temps, vous les éliminez en vous lavant les cheveux, mais parfois votre organisme s'emballe.

Les glandes sébacées qui fabriquent le sébum deviennent folles chez les adolescents. C'est pour cela qu'apparaissent vers l'âge de douze ans les boutons, les points noirs et les pellicules !

Si votre peigne contient plein de pellicules, c'est peut-être dégoûtant mais pas contagieux !

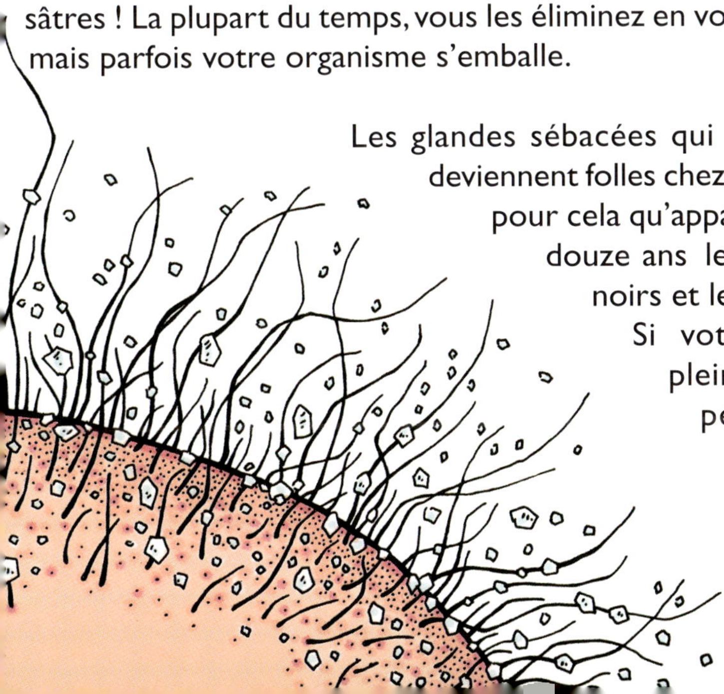

Partout, dans les tapis, les lits, les canapés, il y a des petites bestioles que l'on appelle acariens. Ils ont huit pattes et plusieurs cuirasses. Ces acariens sont si petits qu'il faut un puissant microscope pour les voir. Pendant que vous lisez ou dormez, un million d'entre eux se goinfrent de bouts de peau morte que vous avez laissés sur votre matelas...

Même les nouveau-nés peuvent avoir des pellicules. *Pourtant ce ne sont pas vraiment des adolescents !* Non, mais des substances chimiques provenant du corps de leur mère rendent actives les glandes productrices de graisse sur le crâne des bébés. Merci, maman ! Les pellicules des bébés sont brun-jaune, grasses et croustillantes, on les appelle les « croûtes de lait ». « Oh, la jolie petite tête ! » Notez que le bébé s'en fiche...

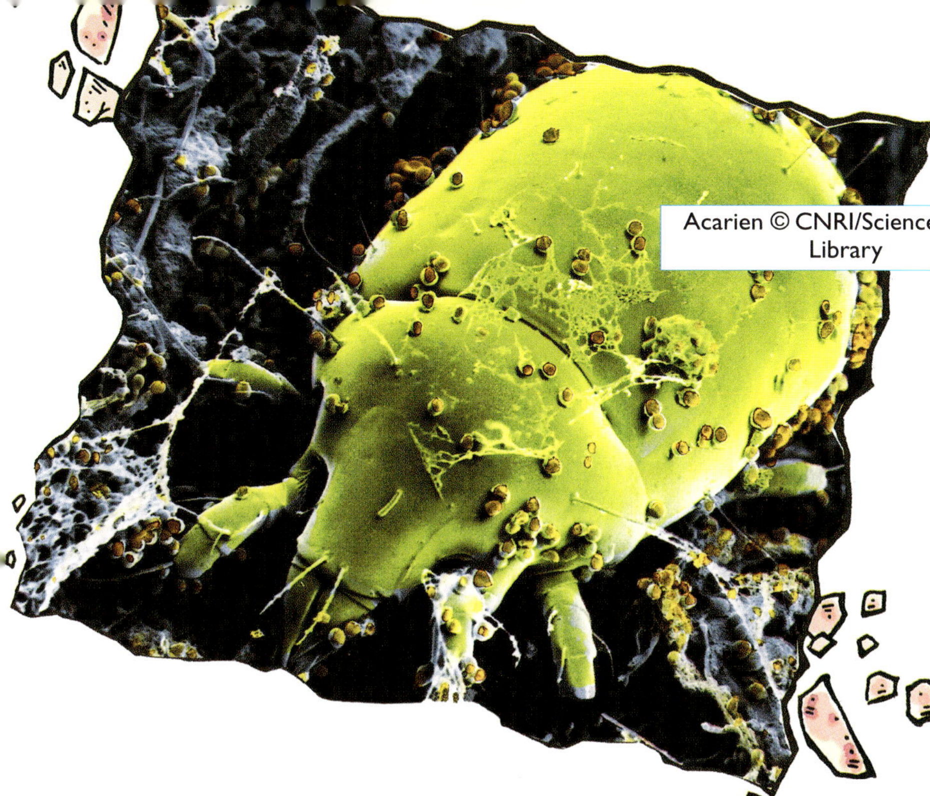

Acarien © CNRI/Science Photo Library

Une tête qui pèle à cause d'un coup de soleil ne fabrique pas de pellicules. C'est seulement la peau morte qui pèle. Alors pour éviter les brulures portez une casquette au soleil !

Si vous avez des pellicules avec des rougeurs et des démangeaisons, méfiance ! Il ne s'agit pas de pellicules normales ! Les shampoings, les lotions et le brossage ne les feront pas partir. Un médecin vous dira ce qui ne va pas.

Maintenant que je connais les pellicules, qu'est-ce que je fais si j'en ai ?

Voici les consignes de base : ne paniquez pas, lavez-vous les cheveux une ou deux fois par semaine en rinçant bien ! Si le shampoing normal est inefficace, essayez un shampoing antipelliculaire. Et décontractez-vous… Les pellicules n'ont jamais tué personne, ça ne commencera pas avec vous !

Croûtes et plaies

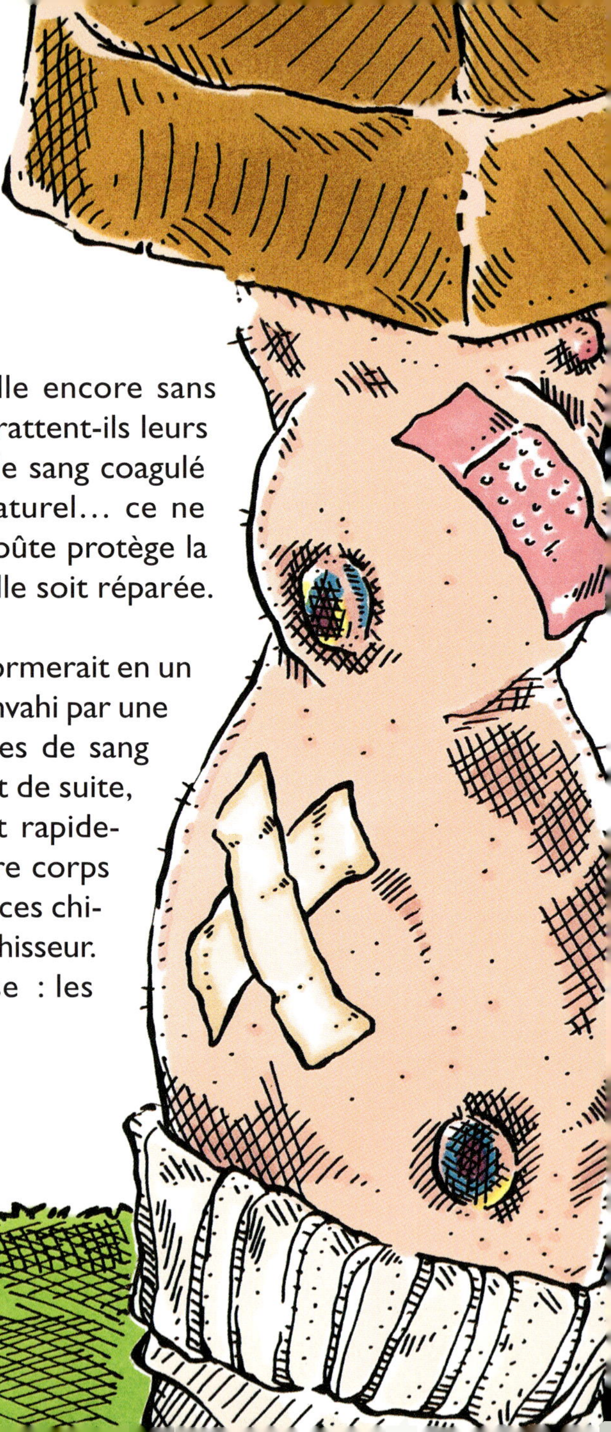

Voici une question universelle encore sans réponse : pourquoi les gens grattent-ils leurs croûtes ? Les croûtes faites de sang coagulé séché sont un pansement naturel… ce ne sont pas des bonbons ! La croûte protège la partie blessée jusqu'à ce qu'elle soit réparée.

Sans elle, votre plaie se transformerait en un minuscule champ de bataille envahi par une armée de bactéries. Assoiffées de sang frais, certaines s'installent tout de suite, elles festoient et provoquent rapidement une infection, alors votre corps sonne l'alerte ! Et des substances chimiques sont lâchées sur l'envahisseur. Appelées aussi à la rescousse : les équipes de réparation.

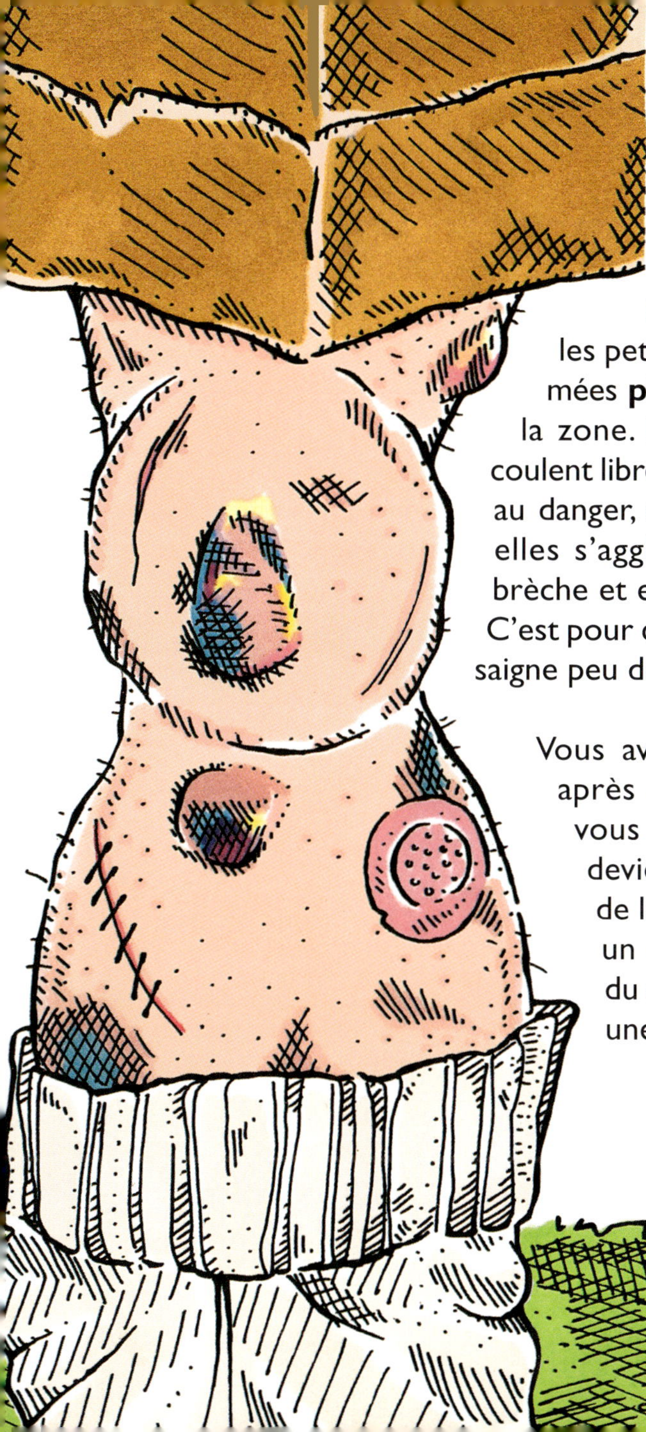

Les premières arrivées sont les petites cellules sanguines nommées **plaquettes**. Elles barricadent la zone. D'habitude, les plaquettes coulent librement avec le sang mais, face au danger, elles changent de tactique : elles s'agglutinent pour colmater la brèche et empêcher le sang de couler. C'est pour cette raison qu'une coupure saigne peu de temps.

Vous avez déjà touché une plaie après quelques minutes ? Avez-vous remarqué que le sang devient épais et gluant comme de la gelée ? Il coagule et forme un caillot. Et quand la surface du caillot sèche, vous avez enfin une délicieuse croûte !

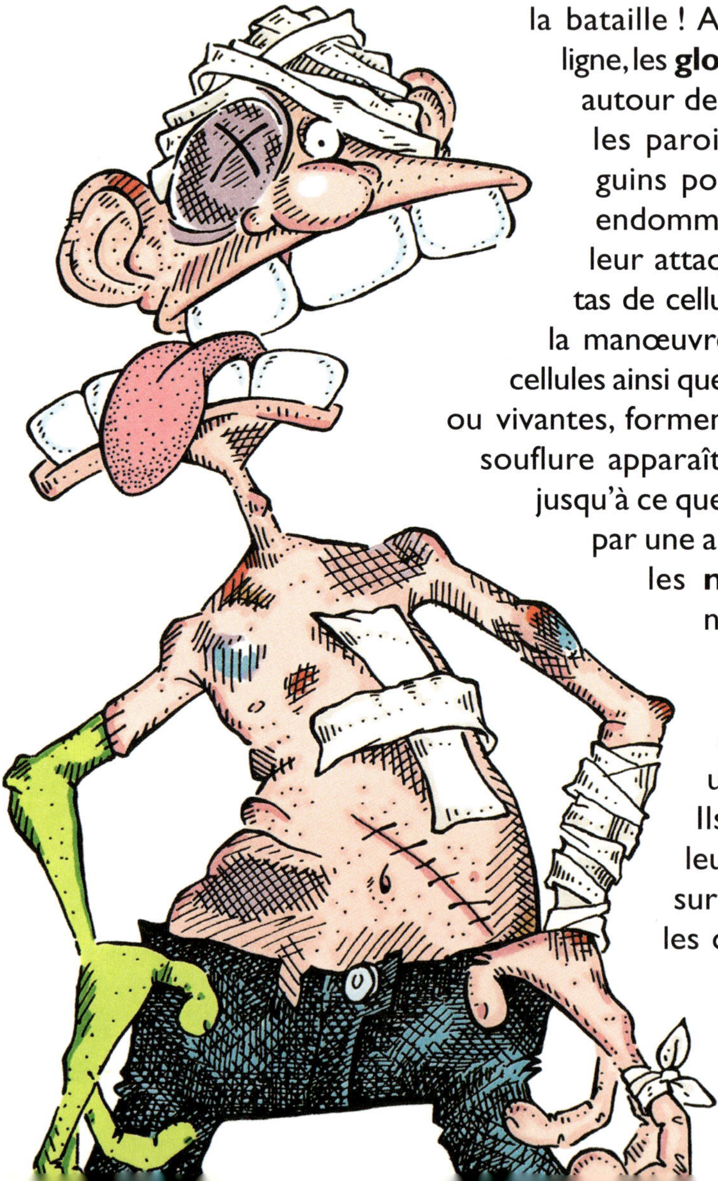

Retournons maintenant au cœur de la bataille ! Arrivées en première ligne, les **globules blancs** suintent autour de la plaie. Ils traversent les parois des vaisseaux sanguins pour aller vers la zone endommagée et commencer leur attaque anti-bactéries. Des tas de cellules meurent pendant la manœuvre. Le mélange de ces cellules ainsi que des bactéries, mortes ou vivantes, forment du pus. Une boursouflure apparaît. La bataille fait rage jusqu'à ce que la relève soit assurée par une autre ligne de défense : les **macrophages** (prononcez : MA-CRO-FAGE). Ces soldats, globules blancs plus grands que les premiers, ont un appétit énorme. Ils dévorent tout sur leur passage : les débris sur le champ de bataille, les cellules mortes et les bactéries. La boursouflure disparaît.

La bataille s'achève, une mince couche de peau s'est déjà reformée sous la croûte. Des cellules spéciales arrivent et fabriquent de la fibrine pour refermer la plaie. Quand elles ont terminé, la croûte tombe.

La plaie truquée !

Matériel : vaseline, colorant alimentaire rouge, cure-dent, bol, mouchoir en papier, cacao en poudre.

Mode d'emploi : dans le bol, placez une noix de vaseline, quatre gouttes de colorant et une pincée de cacao. Mélangez avec le cure-dent. Séparez une épaisseur du mouchoir en papier et découpez un rectangle (8 x 5 cm). Placez-le à l'endroit choisi et recouvrez-le avec la vaseline mélangée. Donnez à votre mouchoir visqueux la forme d'une plaie (le bord doit être plus haut que le centre). Étalez la vaseline rouge au centre. Saupoudrez du cacao sur les bords pour assombrir. Montrez ça à quelqu'un que la vue du sang dégoûte, il tombera peut-être dans les pommes !

Caca d'œil

Vous avez certainement vu cette scène dans un film… Un jeune homme se réveille, il bâille et, soudain, son regard s'éclaire. Il fonce à la fenêtre pour admirer le beau soleil d'été. Jolie scène, mais il manque quelque chose ! Autre scène : une femme dort tranquillement. Elle est brusquement réveillée par un bruit terrible. Gros plan sur ses yeux terrorisés mais… il manque encore quelque chose !

Vous avez trouvé ? Le caca d'œil ! À l'écran, personne ne commence sa journée en l'enlevant ! Dans la vraie vie, c'est autre chose. Vous l'ôtez d'un geste machinal, sans y penser vraiment.

Le caca d'œil peut être dur et croûteux, ou mou et gluant. Il se forme d'ordinaire au coin des yeux, on dit à la commissure des yeux. Parfois il s'installe aussi le long des cils de la paupière inférieure. Dans chaque commissure de vos yeux, près de votre nez, il y a une petite bosse charnue. Allez voir dans un miroir ! Mais ne mettez pas le doigt dans votre œil. Tirez votre paupière inférieure vers le bas, soulevez la paupière supérieure et observez la bosse. C'est la **caroncule**. Elle contient des petites glandes qui fabriquent une substance visqueuse et blanche. Celle-ci s'amasse au coin de votre œil. Et il n'y a pas que ça dans le caca d'œil !

Plus d'une trentaine de glandes dans chaque œil fabriquent vos larmes. Elles ont des noms étranges, dignes des dieux : glandes de Zeiss, glandes de Wolfring… La plus grande est en forme d'amande. Elle se trouve sous la peau, au-dessus du coin extérieur de votre œil, entre la paupière supérieure et le sourcil.
Chaque année, vous pleurez près de huit litres de larmes ! Elles glissent sur le globe oculaire et s'évacuent par des petits trous à la commissure de vos yeux. Elles passent aussi par votre nez, raison pour laquelle il coule quand vous pleurez.

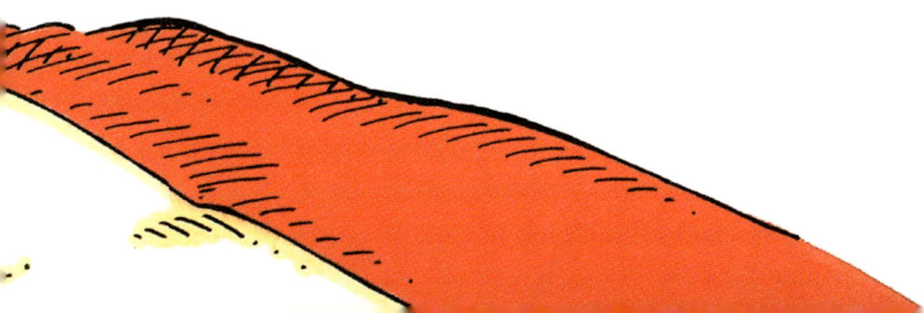

Votre globe oculaire baigne dans un liquide réparti en trois couches : l'une de mucus, une autre de cire, de graisses, et de cholestérol (le même que celui que vous trouvez dans la nourriture), et entre ces deux couches, vos larmes.

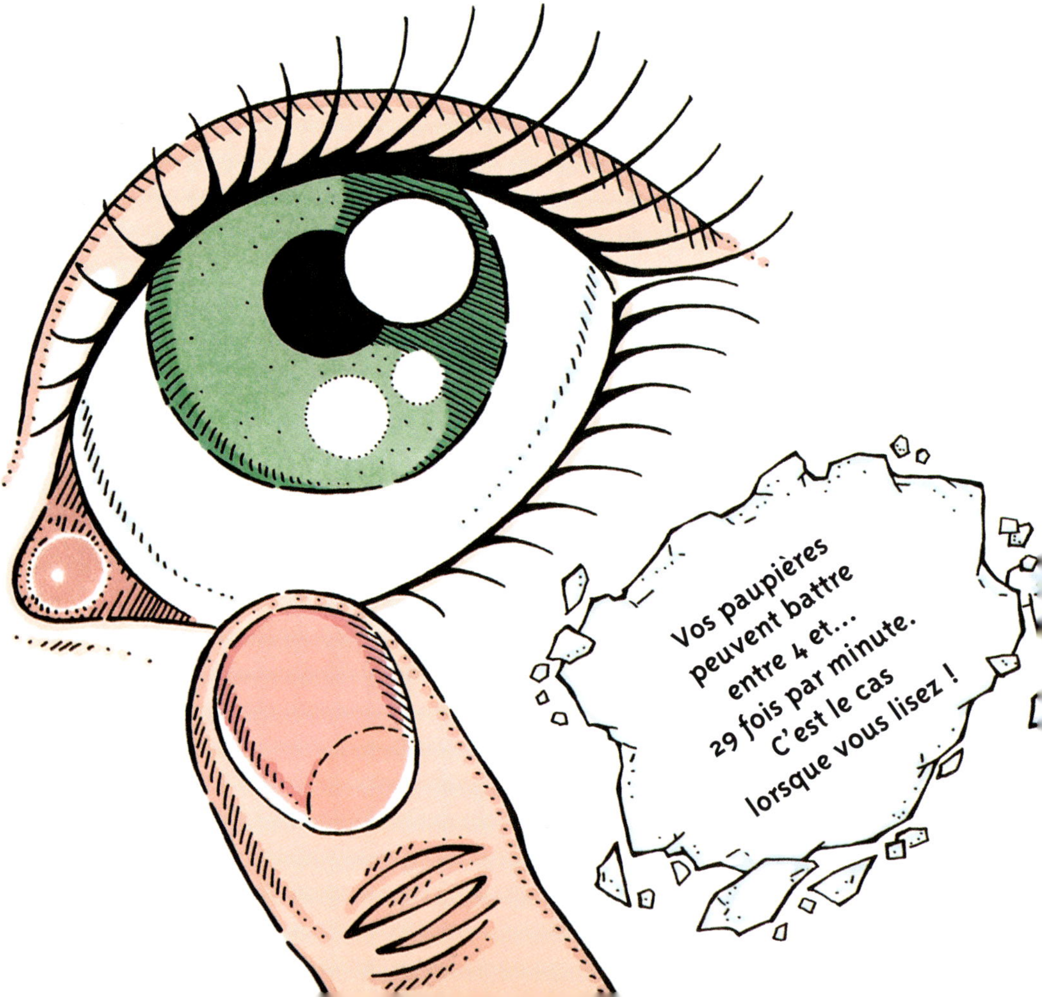

Les larmes sont un mélange de sels (ce qui explique leur goût), de sucre, d'ammoniac (oui, celui des produits nettoyants !), d'urée (oui ! on en trouve aussi dans le pipi), de beaucoup d'eau, d'albumine (comme le blanc des œufs), d'acide citrique (comme dans les citrons), d'une substance chimique tueuse de bactéries et de quelques autres choses encore. *Mais qu'est-ce que tout ça a à voir avec les cacas d'œil du matin ?*

Vous avez raison, revenons à nos moutons ! La nuit, paupières baissées, vous ne produisez presque plus de larmes, seulement quelques-unes. Elles se rassemblent au coin de vos yeux, mais les petits trous d'évacuation sont fermés quand vos paupières sont closes. Vos larmes stagnent. Le liquide finit par s'évaporer, laissant se former de petites masses croûteuses. Mélangez-les à un peu de transpiration et de l'huile de caroncule : vous l'avez votre caca d'œil !

Tartre dentaire

Votre bouche est un endroit formidable ! Chaud et humide, c'est un paradis tropical pour un grand nombre de formes de vie microscopiques. Confortablement installées à l'intérieur, certaines sont rondes ou en bâtonnets, d'autres en petites spirales. Une vraie station balnéaire archi-bondée ! En ce moment, alors que vous êtes assis en train de lire cette page, plus de 100 000 000 de créatures nagent, mangent, se reproduisent et déversent leurs ordures juste là, derrière vos lèvres…

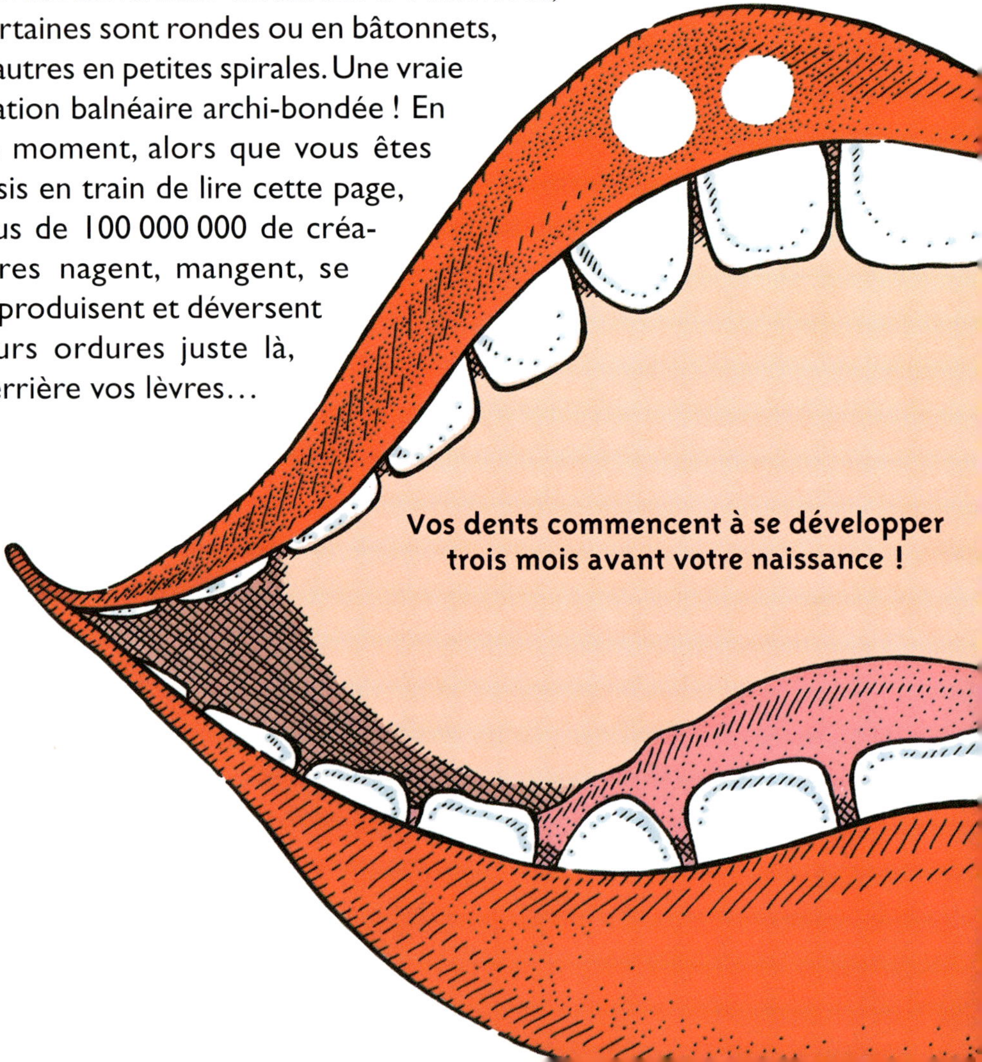

Vos dents commencent à se développer trois mois avant votre naissance !

Dans votre bouche, il y a plus de créatures vivantes qu'il n'y a d'habitants en Espagne et France réunis ! C'est la partie la plus sale de votre corps. Pensez-y quand vous embrasserez quelqu'un… Et pensez aussi à vos invités microscopiques quand vous « oublierez » de vous brosser les dents ! Vous pourrez expliquer à votre mère : « Je voulais aider toutes les petites bêtes affamées de ma bouche à se nourrir ! Les pauvres, elles ont besoin de manger, elles aussi. »

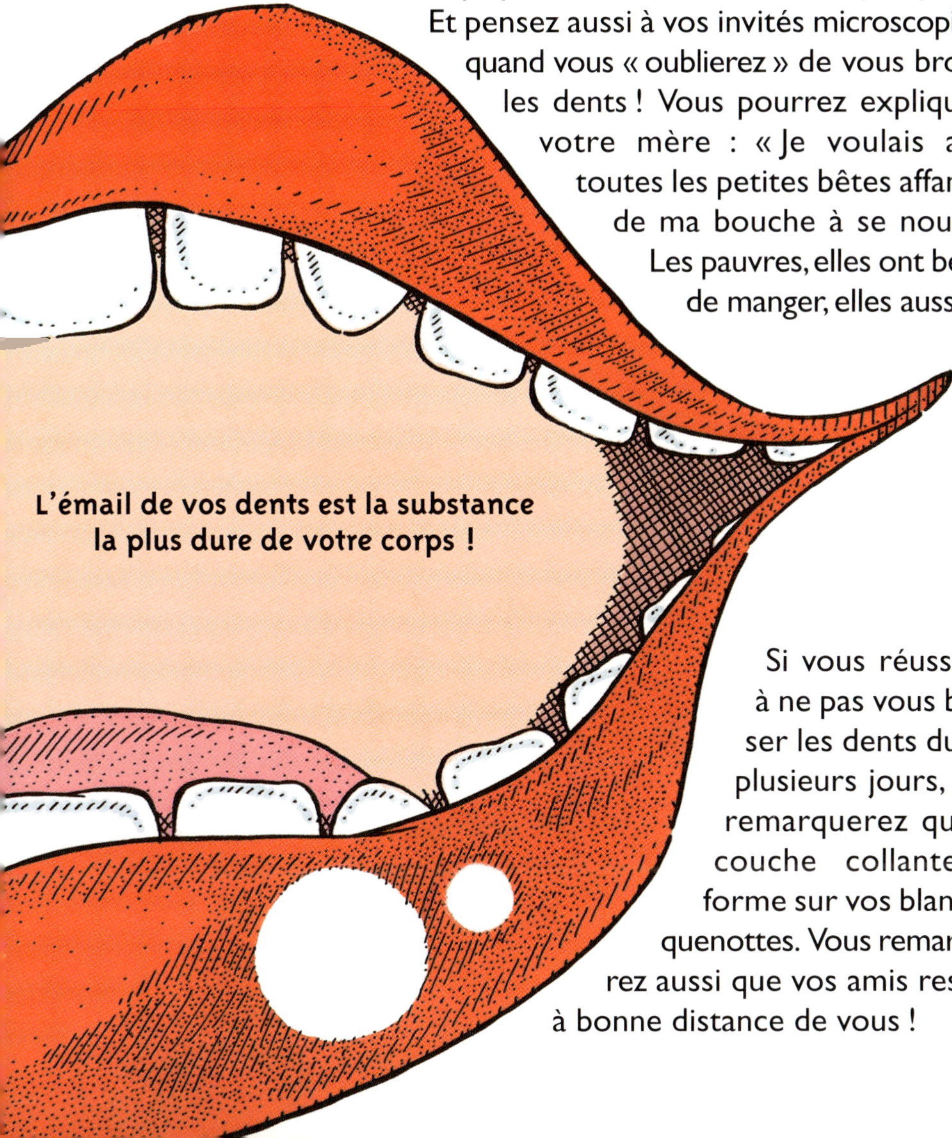

L'émail de vos dents est la substance la plus dure de votre corps !

Si vous réussissez à ne pas vous brosser les dents durant plusieurs jours, vous remarquerez qu'une couche collante se forme sur vos blanches quenottes. Vous remarquerez aussi que vos amis restent à bonne distance de vous !

Cette couche de crasse s'appelle la **plaque dentaire**. C'est un mélange de restes de nourriture, de cellules buccales abîmées, de beaucoup de bactéries et de déchets de bactéries. Si vous frottez votre langue contre vos dents, cela semble plutôt lisse : en fait la plaque dentaire se cache entre vos dents et même dans les fissures de vos dents. Elle est invisible !

Inspectez vos dents dans un miroir… Regardez la zone où elles rencontrent la gencive… Avez-vous remarqué cette matière jaunâtre ? *Quoi ? Mais je croyais que la plaque était invisible ?* Elle l'est. Ce que vous voyez, c'est une accumulation de couches de plaque dentaire durcies, ça s'appelle du **tartre** !

Tartre © David Scharf, 1989

Au XVIIe siècle, un Hollandais, Antonie Van Leeuwenhoek, fabriquait pour son plaisir des lentilles grossissantes. Il décida d'observer la plaque dentaire grattée sur ses dents et fut sans doute très surpris de découvrir les petites créatures qui y vivaient !

Contrôle de plaque !

Matériel : des tablettes de révélateur de plaque dentaire (en pharmacie), une brosse à dents, du dentifrice, de l'eau.

Mode d'emploi : brossez-vous les dents normalement, pas plus que d'habitude. Utilisez une tablette de révélateur, mâchez, mâchez, mâchez… Rincez le jus de tablette, regardez-vous dans le miroir, souriez ! Aaaargh ! La tablette a coloré ce que vous n'avez pas assez brossé. Vous pouvez reprendre votre brosse !

Donc si vous voulez avoir de magnifiques dents jaunes, ne les brossez surtout pas, n'utilisez jamais de fil dentaire et mangez beaucoup de bonbons !
Les dentistes enlèvent le tartre en le grattant… Ouille !

MATIÈRES PUANTES ET ODORANTES

Pets

Vous étiez assis en classe quand vous l'avez senti se fabriquer dans vos entrailles. Ça grondait… ça grondait… Vous avez serré fortement les fesses… complètement inutile. *Pfffvvvvvvb !* Vous l'avez fait, vous avez pété.
Le milieu médical utilise le mot « flatulences » pour dire pets. Cela vient du latin *flatus*, qui signifie souffler. Bien choisi, non ?

Un scientifique a fait de puantes recherches pour montrer qu'une personne pète environ quatorze fois chaque jour ! Certaines personnes pètent plus que d'autres. Un habitant de Minneapolis, dans le Minnesota (États-Unis), qui traçait un péto-graphique de sa production gazeuse personnelle, a compté jusqu'à 141 pets en 24 heures. Impressionnant ! Comptabilisez les vôtres : à 14, vous êtes plutôt normal.

Gagner de l'argent en pétant !

Joseph Pujol, pétomane français, était très célèbre au XIXe siècle. Au début, il utilisait ce don pour distraire ses amis puis il se produisit sur scène ! Un pétomane japonais a fait en 1980 un show télévisé. Un autre, non identifié, a piraté les ondes pour offrir à son public captivé plus de 3 000 pets d'affilée. Il jouait même des airs connus… Quel talent !

Si vous pouviez capturer les gaz sortants, vous pourriez en mesurer le volume. Un expert en pets a démontré que le volume journalier varie entre un verre et deux litres…

Même si vous y arrivez facilement, péter est un processus complexe. La nourriture broyée dans votre estomac passe dans votre intestin grêle. Là, en traversant les parois, les minéraux, les vitamines, les lipides, les protéines, les glucides et autres vont enrichir votre sang. Et la bouillie qui reste entre alors dans votre usine à pets : votre gros intestin.

Dites « pet » dans différentes langues !

Anglais	*fart*
Vietnamien	*dut*
Tchèque	*purrrd note*
Japonais	*oh nowla*
Allemand	*furs*
Chinois	*fang pi*
Taiwanais	*bawng pwi*
Érytréen	*ki terret*
Russe	*pouk*

Certains aliments ne se décomposent pas complètement dans le système digestif : ceux qui contiennent du blé, ainsi que les produits laitiers, le chou, les pommes, les radis, les brocolis, les oignons, les choux-fleurs et le plus magique d'entre eux, les haricots ! Ils sont riches en fibres ou en sucres indigestes, et si vous voulez réellement « klaxonner », vous devrez en manger beaucoup, beaucoup…

Votre gros intestin abrite des milliards de bactéries. Et ces aliments non digérés sont leur dîner à elles. Mais comme vous, les bactéries produisent des déchets après avoir mangé. Elles pètent aussi ! Ces gaz s'accumulent en vous, dans votre intestin. Quand la pression est trop importante, ils s'évacuent par votre anus. Eh oui ! Vous n'êtes qu'un entrepôt de stockage pour les bactéries péteuses !

Un pet est un mélange de gaz, surtout du dioxyde de carbone, de l'hydrogène et du méthane. L'hydrogène et le méthane sont hautement inflammables. Le méthane est utilisé pour le chauffage. Ces gaz sont sans odeur mais d'autres en ont une… comme l'indole, le scatole et le **sulfure d'hydrogène**. Le sulfure d'hydrogène donne cette odeur d'œuf pourri. L'indole et le scatole parfument le pet. Votre nez peut détecter une odeur dégoûtante diluée dix milliards de fois dans l'air ou dans l'eau ! Ces gaz qui puent sont une toute petite composante du pet, mais tout le monde sait quand ils s'échappent.

Les pets font aussi du bruit. Essayez les différents sons possibles en plaquant votre main sous votre aisselle et en battant du bras comme un oiseau. Il y a le *fwwt*, le *put-put-put*, le *pwwwbbbb*, le *flubbaflubb* et bien d'autres !

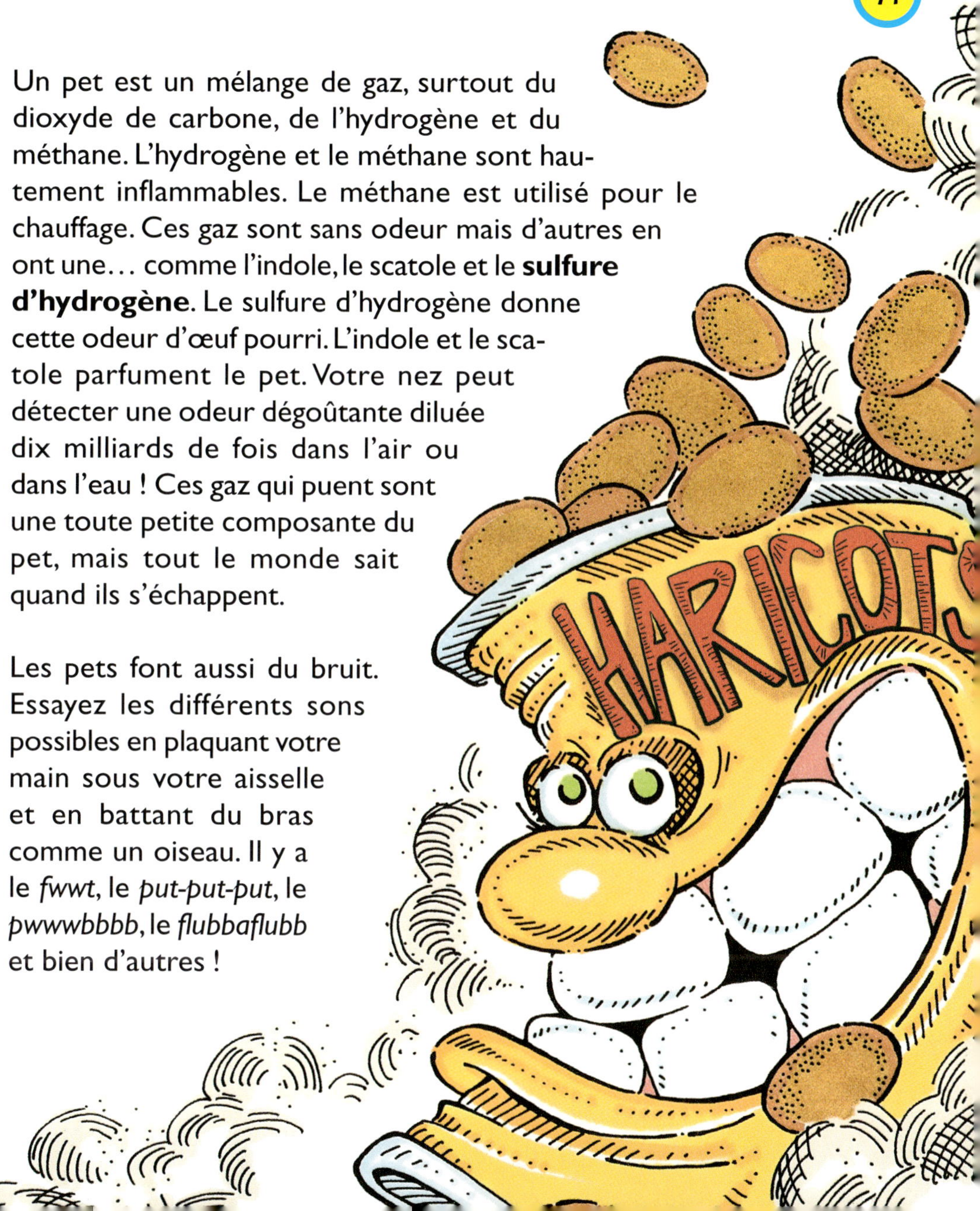

Rots

Vous venez de terminer un bon repas. Tout le monde est calmement assis autour de la table, quand… *eurrrrrrp !* vous rotez. « Grossier personnage ! Excuse-toi ! » entendez-vous.

Dans certaines cultures, comme celles de la Rome ancienne et de quelques pays du Moyen-Orient, roter était, ou est, considéré comme un compliment pour le cuisinier ! Votre rot est un message gastrique qui indique que la nourriture était si bonne que vous avez mangé plus que vous n'auriez dû. Grossièreté ou compliment, roter est naturel. Les chiens rotent après avoir mangé, est-ce qu'ils s'en soucient ?

Roter, éructer… tout le monde le fait à peu près quinze fois par jour ! Et encore davantage ceux qui mangent vite, ou parlent en mâchant. Mais ce n'est rien comparé à une simple vache qui pourrait remplir deux réfrigérateurs de gaz chaque jour !

Machine à roter !

Le rot naît dans votre estomac. Celui-ci est connecté d'un côté à l'**œsophage**, qui vient de votre gorge, et de l'autre côté à votre **intestin grêle**. Dans la partie supérieure de l'estomac, il y a toujours un peu d'air. Comme un ballon, elle s'étire quand les aliments, les liquides ou l'air y entrent. Pendant la digestion, les acides s'attaquant aux aliments créent aussi des gaz… et la pression devient trop forte… *Burp !*

Si vous fermez hermétiquement vos lèvres, vous roterez par le nez. Mais est-ce encore un rot ?

Vos rots sont parfumés par les aliments que vous avez ingérés. Les gaz transportent l'odeur des aliments avec eux. Peut-être avez-vous eu la chance de humer les rots de quelqu'un qui venait d'avaler de l'ail, de l'oignon ou de la bière ? Hum… c'est comme partager son délicieux déjeuner…

Matériel : du vinaigre, du bicarbonate de soude, un ballon de taille moyenne, un entonnoir.

Mode d'emploi : installez-vous au-dessus d'un évier, il y aura moins de nettoyage à la fin. Versez un peu de vinaigre dans le ballon (votre estomac). Utilisez l'entonnoir pour ajouter le bicarbonate. Serrez l'extrémité du ballon (l'œsophage) et regardez-le s'étirer avec les gaz. Desserrez l'œsophage… et rotez !

Sueur

Quand vous montez dans le bus… est-ce que tout le monde descend ? Les chiens apprécient-ils particulièrement votre compagnie ? Si oui, vous avez peut-être un problème d'odeur corporelle… Savez-vous que les Américains ont une vraie aversion pour l'odeur de transpiration ? Ils dépensent plus de 400 millions d'euros chaque année pour y échapper !

Votre corps est recouvert de petites fabriques de transpiration, les **glandes sudoripares**. Sur la paume de votre main, il y en a plus de 2 000 pour une zone de la taille d'un timbre-poste ! Au niveau de la plante des pieds, c'est l'endroit où vous en avez le plus. La sueur suinte à travers

Testeur de déodorant… un job pour vous ? © Louis Psihoyas Matrix

les pores de votre peau, jusqu'à un litre par jour en moyenne. *Mais les paumes de mes mains ne puent pas !* Exact ! Car il y a deux sortes de transpiration, celle qui ne sent pas très fort et l'autre… Ce n'est pas la sueur qui sent, ce sont les bactéries l'accompagnant qui dégagent une odeur.

La transpiration qui sent fort vient des glandes sudoripares situées à différents endroits du corps : les aisselles, l'entrejambe, l'anus et le cuir chevelu. Vers l'âge de douze ans, elles commencent à fonctionner et ne s'arrêtent jamais. C'est pour ça que les adultes sentent mauvais et pas les enfants. La transpiration adulte est un liquide laiteux, gluant et collant, qui sent un peu comme l'ammoniac en plus léger. *Eh ! Je n'ai pas envie d'aller vérifier en reniflant sous les aisselles des gens !* Vous avez raison, car au moment où les bactéries commencent à s'attaquer à la transpiration, l'odeur peut devenir répugnante.

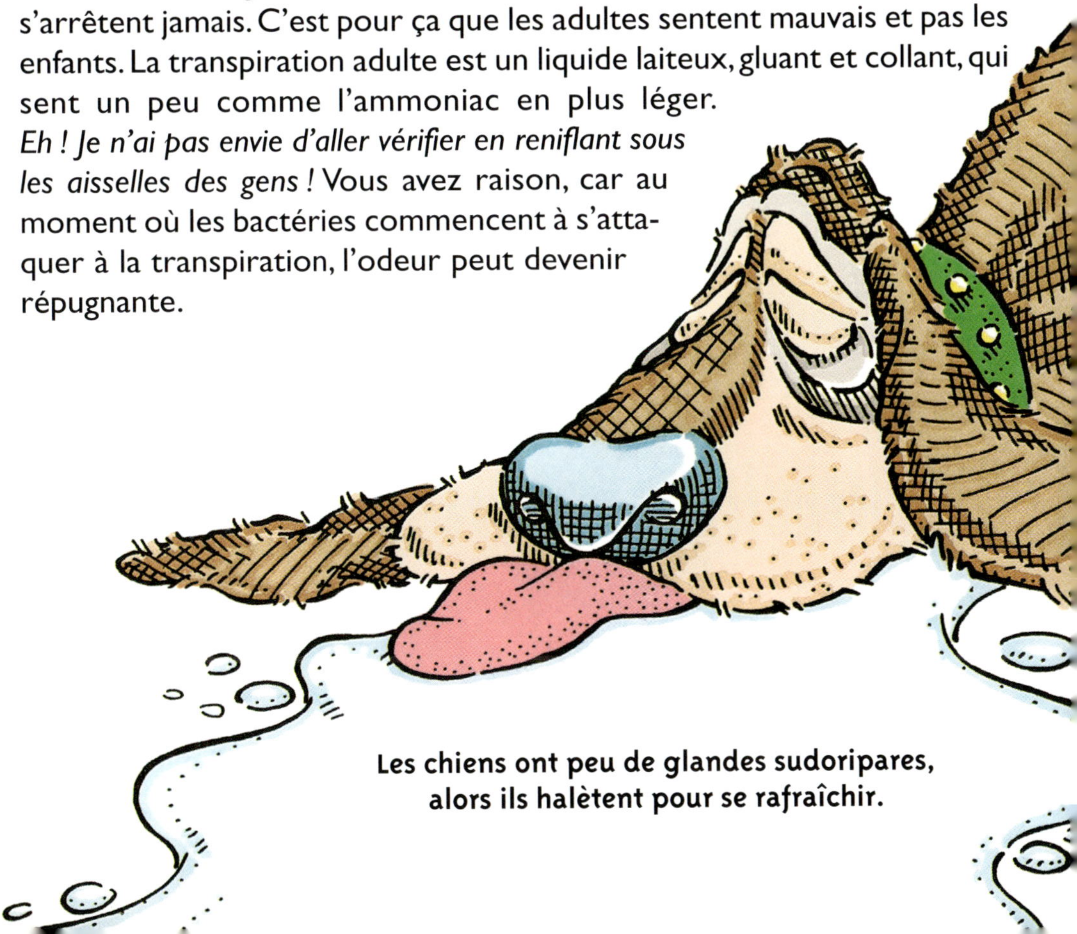

Les chiens ont peu de glandes sudoripares, alors ils halètent pour se rafraîchir.

C'est là que les déodorants deviennent utiles. Ils contiennent des substances chimiques qui empoisonnent les bactéries responsables de la mauvaise odeur. Certaines de ces bactéries sont futées : elles évitent l'attaque en se cachant à la base des poils. Après l'assaut, elles reviennent sous les aisselles pour se nourrir et se reproduire, jusqu'à la prochaine charge de déodorant, ou de savon et d'eau.

La transpiration qui sent moins fort est composée principalement d'urine diluée (oui, du pipi !). Comme l'urine, la sueur est une combinaison d'eau, de sels, d'urée, améliorée d'une substance chimique qui ressemble au venin des guêpes et d'un fluide semblable à celui que produit le putois !

Un volcan ? Non… un gros plan sur une glande sudoripare !
© Dr Tony Brain/Science Photo Library

Au Moyen Âge, on se vantait de ne pas se laver avec de l'eau ! Les gens cachaient leur puanteur sous les parfums, les huiles odorantes et les épices. Quelle époque !

Faire baisser sa température !

Matériel : un morceau de coton, de l'alcool à friction, votre avant-bras, votre souffle.

Mode d'emploi : passez le coton imbibé d'alcool sur votre avant-bras et soufflez sur cette partie humide. Que sentez-vous ? L'alcool s'évapore plus vite que l'eau donc l'effet est immédiat !

Transpirer vous permet de réguler la température de votre corps. Celle-ci augmente quand vous faites du sport ou quand vous devenez vraiment nerveux. Alors votre climatiseur personnel se déclenche. La sueur recouvre votre peau et l'évaporation de l'eau vous rafraîchit. Les sels et l'urée restent, c'est pour cela que vous avez ce goût salé après avoir transpiré. C'est aussi pour cela que vous êtes tout collant !

Mauvaise haleine

Prenez une profonde inspiration… Retenez votre souffle… Expirez !
En moyenne vous inspirez douze fois par minute, soit l'équivalent d'un demi-litre d'air. Et vous expirez la même quantité de gaz. Tout le monde le fait des centaines de fois par jour et on ne le remarque même pas sauf… si quelqu'un a mauvaise haleine. Pour votre survie, vous pouvez toujours offrir au malheureux propriétaire de cette bouche fétide une pastille de menthe forte, ou peut-être même une boîte entière !

Il arrive à tous, ou presque, d'avoir de temps en temps mauvaise haleine. *À moi ? Pas du tout !* Pensez à votre bouche, le matin au réveil… Heureusement, c'est temporaire. Souvenez-vous du chapitre sur la plaque dentaire. Vous y avez appris qu'une population impressionnante de bactéries vivent dans votre bouche. Pendant la journée, vous avalez votre salive, vous buvez des liquides qui envoient les bactéries et les particules d'aliments dans votre gorge puis dans votre estomac. Mais quand vous dormez, elles restent dans votre bouche. Elles grignotent et laissent derrière elles leurs déchets de la nuit. Au matin, votre bouche a le goût et l'odeur des reliquats du festin. Vous vous précipitez dans la salle de bains pour vous laver les dents et pouvoir sans danger dire : « Bonjour ! » C'est la meilleure chose

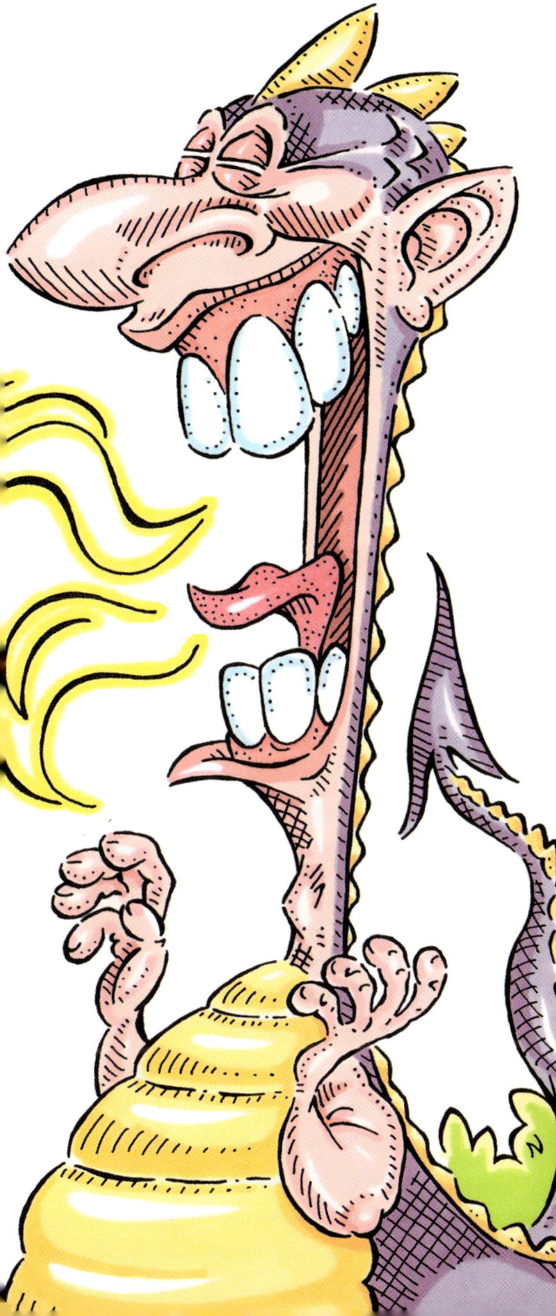

à faire. Mais ne rêvez pas… au bout de quelques heures, toutes les bactéries seront de retour !

L'oignon ! Ah, l'oignon ! Et l'ail ? Formidable, l'ail ! Ils vous donnent une haleine très, très intéressante ! Et là, les bains de bouche et le dentifrice ne pourront rien pour vous, car l'odeur vient de vos poumons. *N'importe quoi ! Ce que je mange atterrit dans mon estomac et pas dans mes poumons !* Certes. De votre estomac, la nourriture descend dans vos intestins, et la plus grande partie des substances passe ensuite dans votre sang en traversant les parois.

Le mot scientifique pour dire qu'on avale sa salive est « déglutition ».

Mais l'odeur d'oignon aussi ! Et quand ce sang parfumé arrive dans vos poumons, vous expirez du gaz… parfumé à l'oignon ! Vous avez deux solutions : ne manger ni ail ni oignon, ou prendre des pastilles de menthe forte.

Les fumeurs aussi ont mauvaise haleine car la fumée contamine leurs poumons. Même quand ils ne sont pas en train de fumer, l'air propre ramasse des déchets qui sont déjà dans leurs poumons.

Avoir mauvaise haleine en permanence est un vrai problème. La personne concernée pourra tout faire (tonnes de pastilles, litres de bain de bouche, brossages de dents répétés), elle aura toujours mauvaise haleine. Il y a plein de raisons possibles : une infection des sinus, des dents cariées, des gencives malades, des problèmes digestifs. Mais une seule solution : consulter un médecin ou un dentiste !

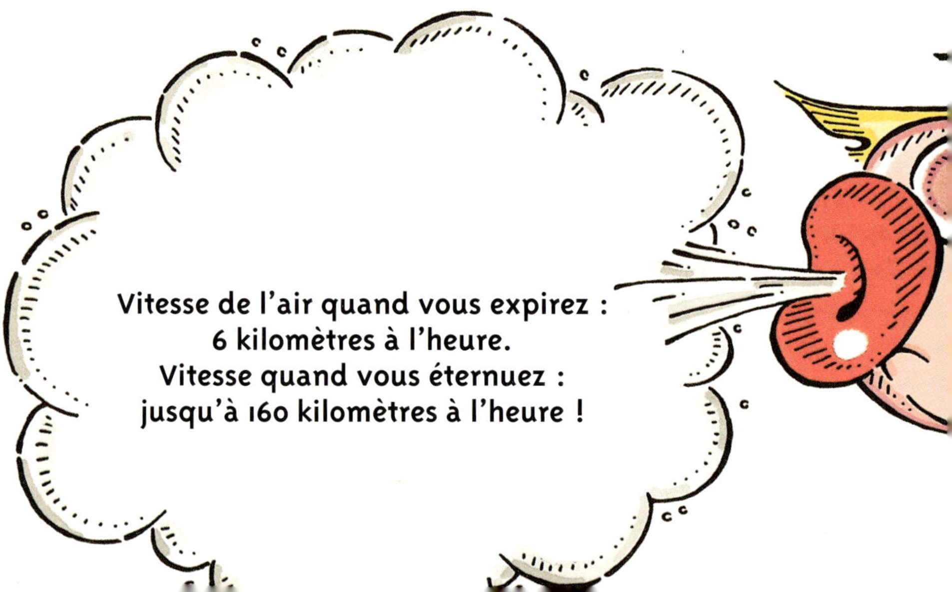

L'angoisse de la mauvaise haleine hante beaucoup trop de gens sans raison. Détendez-vous, brossez-vous les dents et demandez calmement à un ami de vous dire si votre bouche sent comme les toilettes !

Calcul spécial respiration !

Matériel : une calculatrice.

Mode d'emploi : vous respirez douze fois par minute. Pour calculer combien de fois vous respirez par heure, multipliez 12 par 60. Puis multipliez le nombre obtenu par 24 pour connaître le nombre de fois par jour que vous respirez, puis par 365 pour un an. Maintenant, multipliez par votre âge. Pour obtenir le volume d'air en litre que vous avez respiré depuis que vous êtes né, vous n'avez plus qu'à multiplier par 0,5 litre ! Et regardez au supermarché le nombre de bouteilles que cela représente…

Pieds qui puent

Peut-être connaissez-vous des gens qui feraient s'évanouir n'importe qui rien qu'en enlevant leurs chaussures ? Réfléchissez… les chiens, les chats, les lapins et les cochons d'Inde ne puent pas des pieds ! Et si les humains ne portaient pas de chaussures, leurs pieds ne sentiraient pas mauvais non plus. Les vrais responsables de ces odeurs nauséabondes sont les chaussures et les chaussettes.

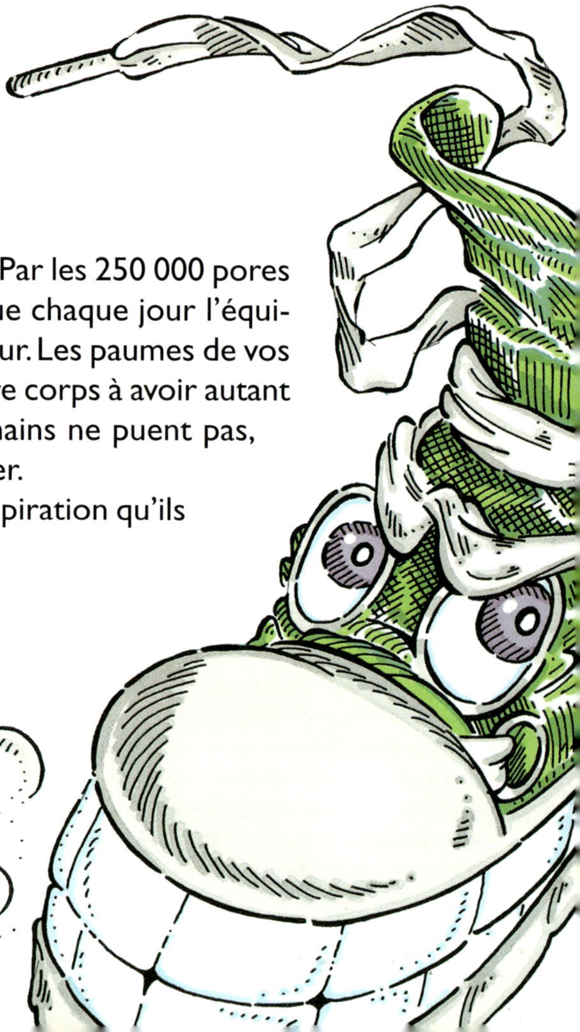

Les pieds transpirent beaucoup ! Par les 250 000 pores de la plante de vos pieds, s'évacue chaque jour l'équivalent d'un quart de verre de sueur. Les paumes de vos mains sont le seul endroit de votre corps à avoir autant de glandes sudoripares. Si vos mains ne puent pas, c'est que la sueur peut s'évaporer.
Vos pieds barbotent dans la transpiration qu'ils produisent.

On a souvent un pied plus grand que l'autre.

Asphyxiés par vos chaussures, vos orteils gigotent dans vos chaussettes humides. Mais cette sueur ne pue pas. Ce sont les bactéries et les champignons qui donnent ce merveilleux parfum *Senteur des pieds*.

Bactéries et champignons se reproduisent très bien dans cette zone chaude et humide. Ils sont si bien nourris ! Entre vos orteils, c'est le top ! « Hé, quel coin super pour élever une famille, ici ! » Et plus ils emménagent dans ce quartier, plus vos pieds sentent fort.

Si vos pieds sentent trop mauvais, essayez l'anti-transpirant !

Supprimer cette odeur de pieds est assez facile. Lavez-les tous les jours, séchez-les bien, surtout entre les orteils, et aspergez-les de talc ou de tout autre anti-transpirant. Portez des chaussures qui les laissent respirer. Pas de plastique ! Changez chaque jour de chaussettes et lavez régulièrement vos chaussures de sport. Bref, laissez vos pieds respirer. Aaaah… de l'air !

Pour certains, l'odeur est tellement épouvantable qu'ils doivent consulter un dermatologue.

Il était une fois un homme
Dont les pieds sentaient la tomme
« Tu pues ! » criaient ses amis
On le sentait jusqu'à New Dehli !

L'homme trouva une solution
À cette odieuse pollution
Les pieds, il se coupa
Et sous la terre, les enterra.

Morale : lavez et talquez !
Sans cesse, vos pieds parfumez !

WAOUH !
UN AUTRE MANUEL DE CRADOLOGIE !

Vous pensez en avoir fini avec la Cradologie ? Erreur ! La voici de retour avec *La Cradologie des animaux !* Tout, vous saurez tout sur les répugnantes habitudes de nos amis les bêtes. Tournez la page et vous aurez un avant-goût de ces créatures dévoreuses de vomi et faiseuses d'inoubliables crottes !

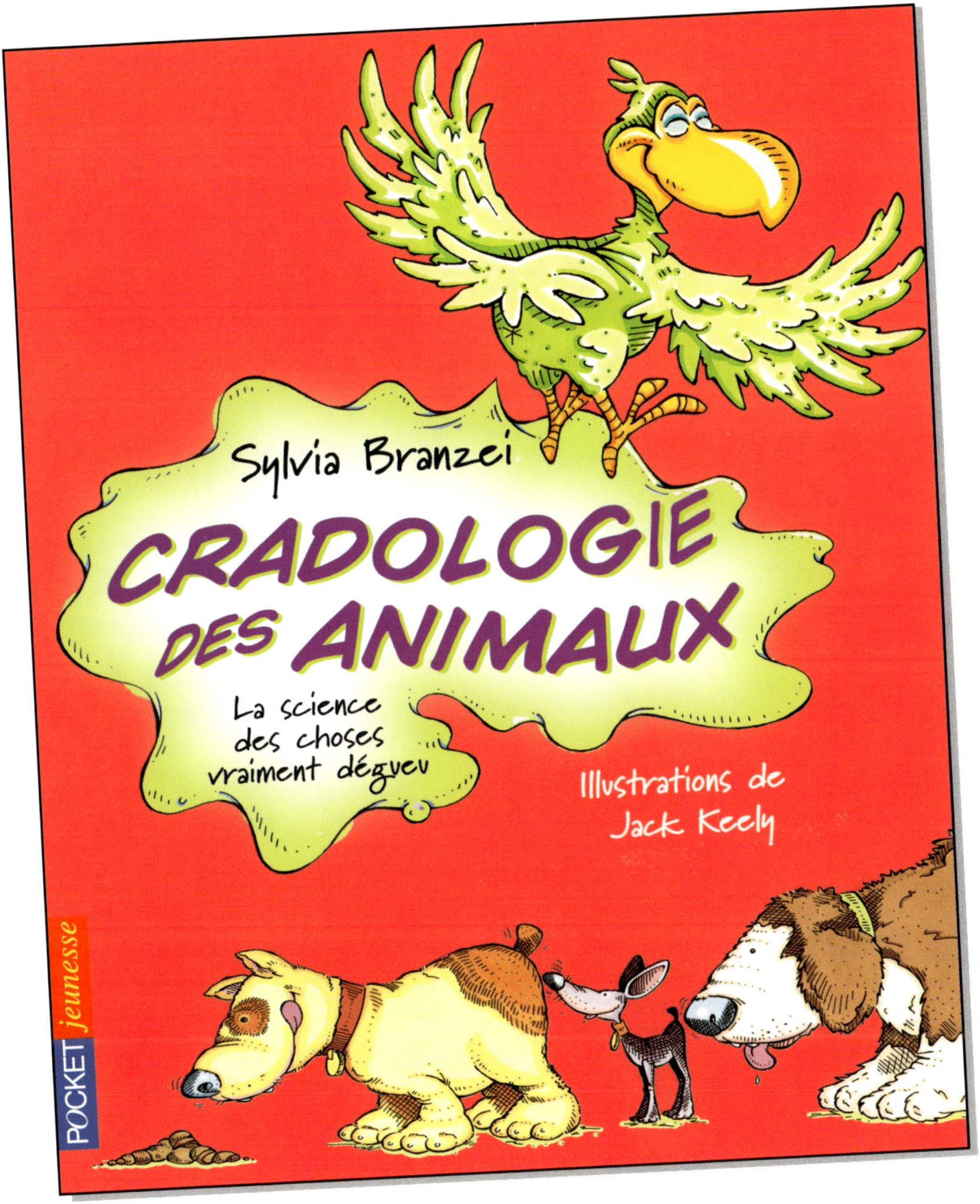
Sylvia Branzei
CRADOLOGIE DES ANIMAUX
La science des choses vraiment déguev
Illustrations de Jack Keely
POCKET jeunesse

EXTRAIT

—Vous ne croirez jamais ce que je viens de voir !

— Oh, de nos jours, plus rien ne me surprend.

— Figurez-vous que j'ai vu des monstres dix fois plus gros que nous. Et ils n'ont pratiquement pas de poils. Ou alors par grosses touffes repoussantes. En plus, ils font tous pipi et caca au même endroit. Si, si, je vous assure. Ils y vont les uns derrière les autres.

— Ça paraît incroyable !

— Attendez de connaître la suite ! Ils dégagent une odeur pestilentielle. Et comme ça les gêne, ils s'enduisent le corps de cire, de graisse, de cendres et de plantes. Et parfois ils puent encore plus qu'avant.

— Quand je raconterai ça à mes cousins !

— Attention ! J'en vois un qui approche ! Fichons le camp !

Si les animaux pouvaient parler, c'est sans doute ce qu'ils diraient de nous. Pourtant certains n'ont rien à nous envier et ce livre se propose de vous le faire découvrir. Il est entièrement consacré à ces créatures que nous considérons comme dégoûtantes du point de vue humain. **Les sangsues. Les limaces. La vermine. Les pourritures visqueuses. Les hommes.**

Attention, nous sommes inclus dans la liste !

Quand vous serez un Cradologue averti, vous comprendrez pourquoi.

EXTRAIT

LES MASTIQUEURS DE VOMI

Les mouches

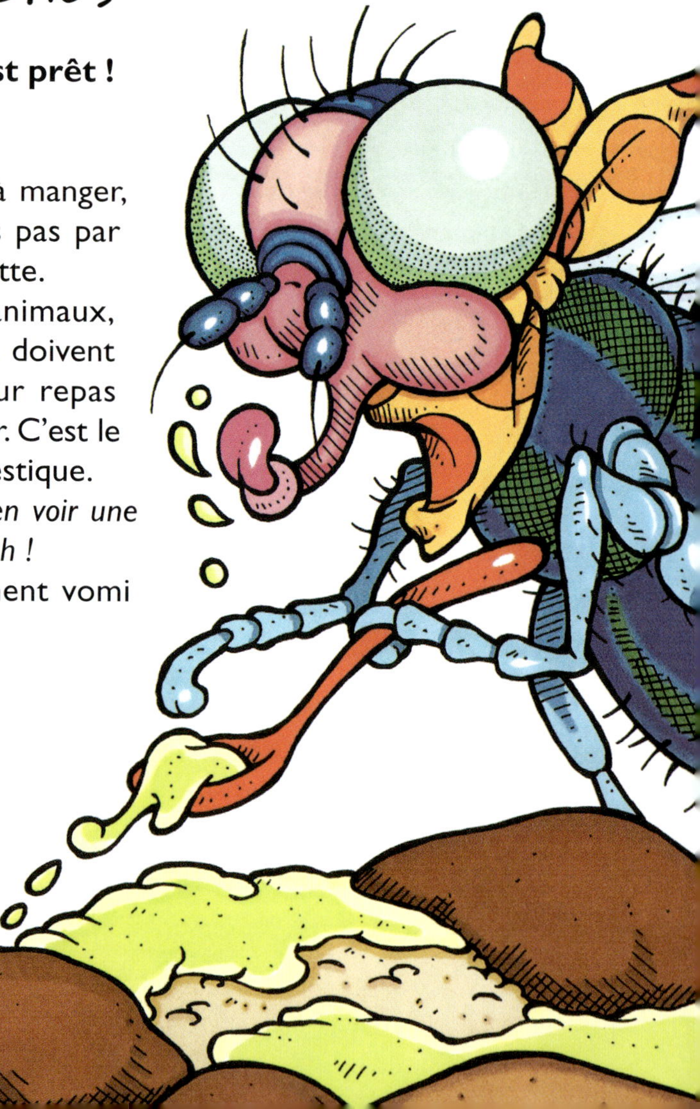

Le petit déjeuner est prêt !
Schlorp !

Quand on nous sert à manger, nous ne commençons pas par vomir dans notre assiette.
Mais chez certains animaux, c'est une nécessité. Ils doivent d'abord vomir sur leur repas avant de le consommer. C'est le cas de la mouche domestique.
Au secours ! Je viens d'en voir une décoller de mon sandwich !
Aïe ! Elle a certainement vomi dessus pour le goûter.

Schlorp ! Huuups !
Schlorp ! Huuups !

Imaginez l'horreur si vous deviez faire la même chose. Mais si une mouche ne vomissait pas, elle mourrait de faim.
Ne croyez pas qu'elle soit dépourvue de savoir-vivre : elle n'a ni dents, ni tube pour aspirer, ni quoi que ce soit pour mordre. Elle est donc condamnée au régime liquide. Quand elle croise un aliment solide appétissant, sa seule solution c'est de l'inonder de sucs digestifs pour le dissoudre. Puis le lécher avec sa langue.

Comme la mouche ne pense qu'à manger, chaque fois qu'elle se pose, elle goûte le terrain.

***Bzzz*. Atterrissage. Un pas. Je goûte. Bof. *Bzzz*. Train sorti. Un pas. Je goûte. Miam, du gâteau au chocolat !**

Vous avez laissé votre gâteau au chocolat sur la table, le temps d'avaler votre sandwich au fromage. La mouche, attirée par le sucre, se pose sur votre biscuit, vomit et mixe, puis utilise sa langue spongieuse pour engloutir sa petite soupe de vomi au chocolat et s'envole. Vous finissez votre sandwich et vous mordez dans votre gâteau au vomi de mouche. « Tiens, c'est encore meilleur que d'habitude ! Je me demande pourquoi ? »

Mouche domestique © David Scharf

Cela ne serait pas très grave si la mouche n'avait pas les pieds aussi collants et du poils aux pattes.

C'est une plaisanterie, j'espère ?

Pas du tout ! La mouche est équipée de griffes et de pelotes poisseuses. Quand elle court sur la table, elle utilise ses griffes. Elle réserve ses pelotes à ses promenades au plafond. Derrière chaque griffe se trouvent des poils qui sécrètent un liquide gluant. La mouche en enduit l'endroit où elle se pose, goûte avec ses poils qui agissent comme des petites langues, et abandonne des parasites à chaque pas.

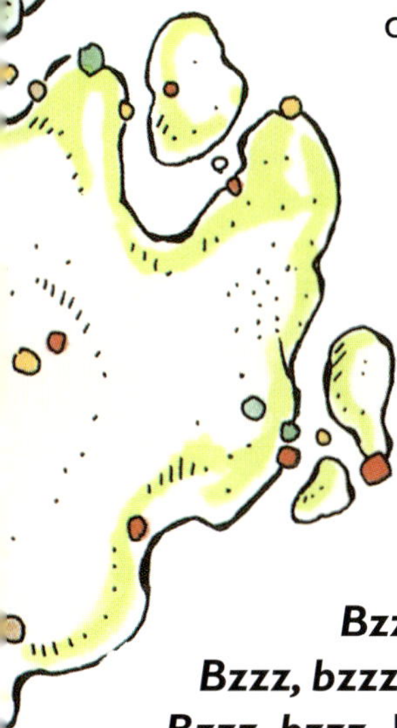

Vous avez peut-être observé une mouche voletant d'un plat à l'autre, sur la table de la cuisine. Elle s'arrête souvent là où il y a du sucre. C'est parce que ses poils sensoriels y sont très sensibles.

Hélas, on ne peut pas dire que la mouche soit très difficile sur sa nourriture ! Et elle peut parcourir jusqu'à 25 kilomètres en trois jours sans cesser de butiner.

Bzzz, bzzz. **Une banane, miam, beurk, *slurp* !**

Bzzz, bzzz. **De la bouse de vache, génial !**

Bzzz, bzzz. **Humm ! Une charogne de rat !**

Bzzz, bzzz. **Oh, mon gâteau d'anniversaire préféré !**

PETIT CARNET DU CRADOLOGUE

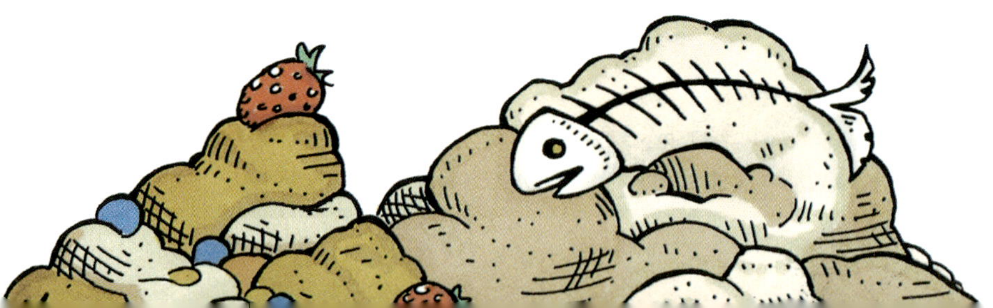

Remerciements à :
Jean-Yves Cariou, Virginie Freyder,
Docteur Ph. Grandsenne, Dominique Mazin,
Florence Soufflet, Franck Turlan.

Mise en page : Hélène Cordero-Gervais

Achevé d'imprimer en France
en juin 2005
par Pollina s.a.
85400 Luçon
n° L96274A

Dépôt légal : juin 2005